택시운전
대전|충북|충남

자격시험 실전문제

www.**goseowon**.co.kr

Preface

택시는 이익을 목적으로 하는 사업용 자동차이므로 택시를 운전하고자 하는 사람은 자동차 운전면허 (1종 및 2종 보통 이상) 이외에도 취업하고자 하는 관할지역의 지리를 잘 알고 있어야 하며, 승객이 쾌적한 분위기에서 택시를 이용할 수 있도록 고객에 대한 서비스를 제공해야 합니다. 이에 따라 정부는 여객자동차 운수사업법에서 개인택시 운송사업에 사용되는 자동차의 운전 업무에 종사할 수 있는 자격을 규정하고 있습니다.

택시운전 자격시험은 문제은행 방식으로 전체 문제가 정해져 있고 그 중에서 무작위로 출제가 됩니다. 그러므로 어떠한 문제를 공부하느냐가 관건이라고 볼 수 있습니다. 그래서 도서출판 서원각은 택시운전 자격시험에 도전하려는 수험생 여러분을 위하여 택시운전 자격시험 실전문제를 발행하게 되었습니다.

본서는 최근 개정된 도로교통법, 여객자동차 운수사업법 및 택시운송사업의 발전에 관한 법률 및 안전운행, LPG 자동차 안전관리, 운송서비스, 응급처치법, 관할지역의 지리 등의 출제범위를 완벽하게 반영하였습니다.

최근 시행된 기출문제를 통하여 출제경향과 자주 출제되는 문제를 완벽하게 분석하여 출제기준과 시험의 경향에 맞춰 과목별 영역별 실전문제를 수록하였습니다.

또한 실전문제에는 명쾌하고 상세한 해설을 추가하여 다양하게 출제될 수 있는 동일 유형의 문제도 쉽게 풀 수 있도록 구성하였습니다.

신념을 가지고 도전하는 사람은 반드시 그 꿈을 이룰 수 있습니다.
도서출판 서원각은 수험생 여러분의 그 꿈을 항상 응원합니다.

Information

1. 택시운전 자격시험의 개요

택시는 이익을 목적으로 하는 사업용 자동차이므로 택시를 운전하고자 하는 사람은 자동차 운전면허(1종 및 2종 보통 이상) 이외에도 취업하고자 하는 관할지역의 지리를 잘 알고 있어야 하며, 승객이 쾌적한 분위기에서 택시를 이용할 수 있도록 고객에 대한 서비스를 제공해야 한다. 이에 따라 정부는 여객자동차운수사업법에서 개인택시 운송사업에 사용되는 자동차의 운전 업무에 종사할 수 있는 자격을 규정하고 있다.

2. 주요 업무

택시운전기사는 안전운행을 위하여 운행을 개시하기 전에 일상 점검표에 의거하여 차량을 점검하며, 고장개소가 발견되면 정비 관리자에게 알려 완전하게 정비한 후 운행을 시작한다. 운행 중에 승객의 승하차를 돕고 요금 미터기에 표시된 요금을 받으며, 운행 중 차량의 청결을 유지한다. 영업용 택시의 경우는 당일 운행이 종료되면 차량을 입고시키고 회사에 운송 수입금을 납입한다.

3. 자격의 활용

일반택시 또는 개인택시 운송사업 업무에 종사하고자 하는 사람은 반드시 택시운전 자격을 취득해야 하며 택시운송사업에 대하여 면허를 받은 사업구역 이외의 지역에서 상주하여 영업을 할 수 없다. 택시운전 자격을 취득한 후에는 영업용 택시회사에 취업하거나 개인택시를 운전할 수 있다.

4. 응시자격

① 도로교통법 규정에 의한 제1종 및 제2종 보통면허 이상의 운전면허 보유자
② 20세 이상인 자
③ 운전경력 1년 이상인 자
④ 운전적성정밀검사 기준에 적합한 자
⑤ 택시운전 자격이 취소된 날로부터 1년이 경과된 자(단, 도로교통법에 따른 정기적성검사를 받지 아니하였다는 이유로 운전면허가 취소되어 택시운전 자격이 취소된 경우에는 그러하지 아니함)
⑥ 택시운전 자격 취득 제한사유에 해당하지 않는 자
　㉠ 자격시험 공고일 전 5년간 도로교통법 제44조 제1항(음주운전 금지)을 3회 위반한 사람
　㉡ 강력범죄 및 마약사범, 청소년 대상 성범죄 등 특정범죄 경력 자 : 형 집행 종료 후 2년간 취득 제한
　　• 여객자동차 운송사업의 운전자격을 취득하려는 사람이 다음의 어느 하나에 해당하는 경우 자격을 취득할 수 없다.
　　－ 다음의 어느 하나에 해당하는 죄를 범하여 금고 이상의 실형을 선고받고 그 집행이 끝나거나(집행이 끝난 것으로 보는 경우를 포함) 면제된 날부터 2년이 지나지 아니한 사람
　　　ⓐ 특정강력범죄의 처벌에 관한 특례법에 규정된 죄
　　　　*형법상 살인 · 약취유인, 형법상 특수강간 · 강제추행, 미성년자 간음 · 추행, 강간상해 · 치상, 강간살인 · 치사
　　　　*성폭력범죄의 처벌 등에 관한 특례법(특수강간, 특수강도강간, 친족 강간, 13세 미만 강간 · 강제추행, 강간상해 · 치상, 강간살인 · 치사, 업무상위력 추행)
　　　　*형법상 강도, 강도상해 · 치상, 강도살인 · 치사, 강도강간, 同 상습범
　　　　*범죄단체조직

ⓑ 특정범죄가중처벌 등에 관한 법률에 규정된 죄
　　*형법상 약취ㆍ유인
　　*과실치사상죄를 범한 차량 운전자의 도주
　　*상습 절ㆍ강도 및 강도상해ㆍ강도강간 등 재범자
　　*절도 목적 단체 조직, 보복범죄
ⓒ 마약류관리에 관한 법률에 규정된 죄
• 성폭력 범죄의 처벌 등에 관한 특례법에 따른 죄
– 추행ㆍ간음 또는 추업 목적의 약취, 유인 매매죄, 약취ㆍ유인ㆍ매매된 자의 수수 또는 은닉죄
– 강간, 강제추행, 준강간ㆍ준강제추행, 미수범, 강간 등 상해ㆍ치상, 강간 등 살인ㆍ치사, 미성년자 등에 대한 간음, 업무상위력 등에 의한 간음, 미성년자에 대한 간음, 추행
– 강도강간
– 특수강도강간ㆍ강제추행, 특수강간ㆍ강제추행, 친족 관계에 의한 강간ㆍ강제추행, 장애인에 대한 강간ㆍ강제추행, 13세 미만에 대한 강간ㆍ강제추행 및 유사행위, 강간 등 상해ㆍ치상, 강간 등 살인ㆍ치사, 업무상 위력 등에 의한 추행, 미수범
• 아동, 청소년의 성보호에 관한 법률에 따른 죄
– 아동청소년 강간ㆍ강제추행 및 유사행위, 성매수 등
– 아동ㆍ청소년에 대한 성폭력범죄의 처벌 등에 관한 특례법의 죄
– 아동ㆍ청소년에 대한 형법의 죄
– 아동ㆍ청소년에 대한 아동복지법의 죄(성희롱, 성폭행, 정서적 폭행 등 학대행위)

5. 택시운전자격시험과목 및 방법

① 필기시험과목 및 방법
　㉠ **시험과목** : 교통 및 운수 관련 법규(도로교통법, 여객자동차 운수사업법, 택시운송사업의 발전에 관한 법률), 안전운행, 운송서비스, 지리
　㉡ **시험방법 및 시험시간** : 선택(4지선다)형, 80문항 / 80분간 실시
② **합격자 결정** : 필기시험 결과 60점 이상을 득하고 결격사유에 해당하지 않는 자를 합격자로 함

6. 구비서류

① 응시원서(소정양식) 1부
② 운전면허증(필요시 운전경력증명서) – 인터넷 접수자, 이미지 파일 등록 요망
③ 사진 2매(3×4cm, 3개월 이내 촬영한 동일판 사진) – 인터넷 접수자, 이미지 파일 등록 요망
④ 운전적성정밀검사 적합 판정표(교통안전공단 발행)
⑤ **응시수수료** : 10,000원 – 인터넷 접수자, 해당 조합 계좌로 무통장 입금

Structure

실전문제

최근 시행된 기출문제와 출제경향을 완벽 분석하여 과목별 영역별 실전문제를 수록하였습니다.

정답 및 해설

실전문제의 모든 문제에 명쾌하고 상세한 해설을 수록하여 학습의 이해를 완벽히 돕도록 하였습니다.

Contents

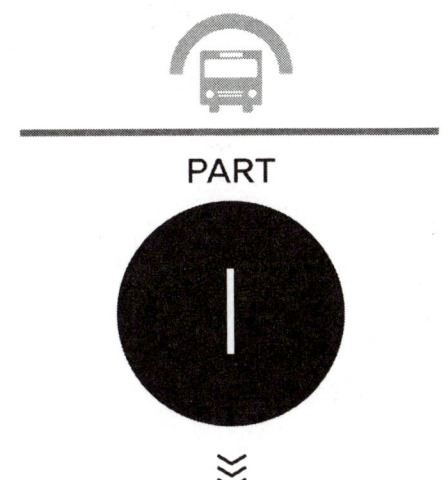

PART

I

교통 및 여객자동차 운수사업법규

01. 교통법규
02. 여객자동차 운수사업법규 및 택시운송사업의 발전에 관한 법규

교통법규

1 「도로교통법」의 목적은?

① 여객자동차 운수사업에 관한 질서를 확립하고 여객의 원활한 운송과 여객자동차 운수사업의 종합적인 발달을 도모하여 공공복리를 증진하는 것을 목적으로 한다.

② 도로에서 일어나는 교통상의 모든 위험과 장해를 방지하고 제거하여 안전하고 원활한 교통을 확보함을 목적으로 한다.

③ 택시운송사업의 발전에 관한 사항을 규정함으로써 택시운송사업의 건전한 발전을 도모하여 택시운수종사자의 복지 증진과 국민의 교통편의 제고에 이바지함을 목적으로 한다.

④ 업무상과실 또는 중대한 과실로 교통사고를 일으킨 운전자에 관한 형사처벌 등의 특례를 정함으로써 교통사고로 인한 피해의 신속한 회복을 촉진하고 국민생활의 편익을 증진함을 목적으로 한다.

>> **Advice** ② 「도로교통법」 제1조
① 「여객자동차 운수사업법」의 목적
③ 「택시운송사업의 발전에 관한 법률」의 목적
④ 「교통사고처리 특례법」의 목적

2 「도로교통법」의 목적이 아닌 것은?

① 도로에서 일어나는 교통상의 위험을 방지한다.

② 도로에서 일어나는 교통상의 장해를 제거한다.

③ 안전하고 원활한 교통을 확보한다.

④ 도로 사용 요금 징수를 편리하게 한다.

>> **Advice** 「도로교통법」의 목적〈도로교통법 제1조〉 … 이 법은 도로에서 일어나는 교통상의 모든 위험과 장해를 방지하고 제거하여 안전하고 원활한 교통을 확보함을 목적으로 한다.

3 다음 중 「도로교통법」에 규정된 도로로 틀린 것은?

① 「도로법」에 따른 도로

② 「유료도로법」에 따른 유료도로

③ 「농어촌도로 정비법」에 따른 농어촌도로

④ 그 밖에 현실적으로 특정 소수의 사람 또는 차마가 통행할 수 있도록 공개된 장소로서 안전하고 원활한 교통을 확보할 필요가 있는 장소

>> **Advice** ④ 그 밖에 현실적으로 불특정 다수의 사람 또는 차마가 통행할 수 있도록 공개된 장소로서 안전하고 원활한 교통을 확보할 필요가 있는 장소

4 「도로교통법」에 규정된 용어 정의로 잘못된 것은?

① 자동차전용도로란 자동차만 다닐 수 있도록 설치된 도로를 말한다.

② 고속도로란 자동차의 고속 운행에만 사용하기 위하여 지정된 도로를 말한다.

③ 차로란 차로와 차로를 구분하기 위하여 그 경계지점을 안전표지로 표시한 선을 말한다.

④ 보도란 연석선, 안전표지나 그와 비슷한 인공구조물로 경계를 표시하여 보행자가 통행할 수 있도록 한 도로의 부분을 말한다.

>> **Advice** ③ 차로란 차마가 한 줄로 도로의 정하여진 부분을 통행하도록 차선으로 구분한 차도의 부분을 말한다. 차로와 차로를 구분하기 위하여 그 경계지점을 안전표지로 표시한 선은 차선이다.

5 차마의 통행 방향을 명확하게 구분하기 위하여 도로에 황색 실선이나 황색 점선 등의 안전표지로 표시한 선 또는 중앙분리대나 울타리 등으로 설치한 시설물은?

① 중앙선 ② 연석선
③ 차선 ④ 주차선

≫ **Advice** 중앙선이란 차마의 통행 방향을 명확하게 구분하기 위하여 도로에 황색 실선이나 황색 점선 등의 안전표지로 표시한 선 또는 중앙분리대나 울타리 등으로 설치한 시설물을 말한다. 다만, 가변차로가 설치된 경우에는 신호기가 지시하는 진행방향의 가장 왼쪽에 있는 황색 점선을 말한다. 〈도로교통법 제2조 제5호〉

6 자전거도로가 아닌 것은?

① 자전거 전용도로
② 자전거 · 보행자 겸용도로
③ 자전거 우회도로
④ 자전거 전용차로

≫ **Advice** 자전거도로의 구분〈자전거 이용 활성화에 관한 법률 제3조〉
㉠ 자전거 전용도로 : 자전거만 통행할 수 있도록 분리대, 경계석, 그 밖에 이와 유사한 시설물에 의하여 차도 및 보도와 구분하여 설치한 자전거도로
㉡ 자전거 · 보행자 겸용도로 : 자전거 외에 보행자도 통행할 수 있도록 분리대, 경계석, 그 밖에 이와 유사한 시설물에 의하여 차도와 구분하거나 별도로 설치한 자전거도로
㉢ 자전거 전용차로 : 차도의 일정 부분을 자전거만 통행하도록 차선 및 안전표지나 노면표시로 다른 차가 통행하는 차로와 구분한 차로
㉣ 자전거 우선도로 : 자동차의 통행량이 대통령령으로 정하는 기준보다 적은 도로의 일부 구간 및 차로를 정하여 자전거와 다른 차가 상호 안전하게 통행할 수 있도록 도로에 노면표시로 설치한 자전거도로

7 보행자가 도로를 횡단할 수 있도록 안전표지로 표시한 도로의 부분은?

① 길가장자리구역 ② 횡단보도
③ 교차로 ④ 안전지대

≫ **Advice** ① 길가장자리구역 : 보도와 차도가 구분되지 아니한 도로에서 보행자의 안전을 확보하기 위하여 안전표지 등으로 경계를 표시한 도로의 가장자리 부분
③ 교차로 : '십'자로, 'T'자로나 그 밖에 둘 이상의 도로가 교차하는 부분
④ 안전지대 : 도로를 횡단하는 보행자나 통행하는 차마의 안전을 위하여 안전표지나 이와 비슷한 인공구조물로 표시한 도로의 부분

8 다음 중 「도로교통법」에서 규정하고 있는 자동차가 아닌 것은?

① 승용자동차 ② 승합자동차
③ 원동기장치자전거 ④ 특수자동차

≫ **Advice** 자동차란 철길이나 가설된 선을 이용하지 아니하고 원동기를 사용하여 운전되는 차(견인되는 자동차도 자동차의 일부로 본다)로서 다음의 차를 말한다.〈도로교통법 제2조 제18호〉
㉠ 「자동차관리법」에 따른 다음의 자동차. 다만, 원동기장치자전거는 제외한다.
• 승용자동차
• 승합자동차
• 화물자동차
• 특수자동차
• 이륜자동차
㉡ 「건설기계관리법」에 따른 건설기계

9 원동기장치자전거에 해당하는 차는?

① 「자동차관리법」에 따른 이륜자동차 가운데 배기량 125cc 이하의 이륜자동차
② 「자동차관리법」에 따른 이륜자동차 가운데 배기량 150cc 이하의 이륜자동차
③ 배기량 100cc 미만의 원동기를 단 차
④ 배기량 1500cc 미만의 원동기를 단 차

≫ **Advice** 원동기장치자전거〈도로교통법 제2조 제19호〉
㉠ 「자동차관리법」에 따른 이륜자동차 가운데 배기량 125시시 이하의 이륜자동차
㉡ 배기량 50시시 미만(전기를 동력으로 하는 경우에는 정격출력 0.59킬로와트 미만)의 원동기를 단 차

10 다음 중 긴급자동차가 아닌 것은?

① 소방차　　　　　② 구급차
③ 혈액 공급차량　　④ 현금 수송차량

> **Advice** 긴급자동차〈도로교통법 제2조 제22호〉
> ㉠ 소방차
> ㉡ 구급차
> ㉢ 혈액 공급차량
> ㉣ 그 밖에 대통령령으로 정하는 자동차
> • 경찰용 자동차 중 범죄수사, 교통단속, 그 밖의 긴급한 경찰업무 수행에 사용되는 자동차
> • 국군 및 주한 국제연합군용 자동차 중 군 내부의 질서 유지나 부대의 질서 있는 이동을 유도하는 데 사용되는 자동차
> • 수사기관의 자동차 중 범죄수사를 위하여 사용되는 자동차
> • 다음의 어느 하나에 해당하는 시설 또는 기관의 자동차 중 도주자의 체포 또는 수용자, 보호관찰 대상자의 호송 · 경비를 위하여 사용되는 자동차
> －교도소 · 소년교도소 또는 구치소
> －소년원 또는 소년분류심사원
> －보호관찰소
> • 국내외 요인(要人)에 대한 경호업무 수행에 공무로 사용되는 자동차
> • 전기사업, 가스사업, 그 밖의 공익사업을 하는 기관에서 위험 방지를 위한 응급작업에 사용되는 자동차
> • 민방위업무를 수행하는 기관에서 긴급예방 또는 복구를 위한 출동에 사용되는 자동차
> • 도로관리를 위하여 사용되는 자동차 중 도로상의 위험을 방지하기 위한 응급작업에 사용되거나 운행이 제한되는 자동차를 단속하기 위하여 사용되는 자동차
> • 전신 · 전화의 수리공사 등 응급작업에 사용되는 자동차
> • 긴급한 우편물의 운송에 사용되는 자동차
> • 전파감시업무에 사용되는 자동차
> ※ 이 외에 경찰용 긴급자동차에 의하여 유도되고 있는 자동차, 국군 및 주한 국제연합군용의 긴급자동차에 의하여 유도되고 있는 국군 및 주한 국제연합군의 자동차, 생명이 위급한 환자 또는 부상자나 수혈을 위한 혈액을 운송 중인 자동차는 긴급자동차로 본다.

11 다음 중 「도로교통법」에 규정된 어린이통학버스를 운행할 수 있는 시설이 아닌 것은?

① 「유아교육법」에 따른 유치원, 「고등교육법」에 따른 대학 및 전문대학
② 「영유아보육법」에 따른 어린이집
③ 「학원의 설립 · 운영 및 과외교습에 관한 법률」에 따라 설립된 학원
④ 「체육시설의 설치 · 이용에 관한 법률」에 따라 설립된 체육시설

> **Advice** 어린이통학버스〈도로교통법 제2조 제23호〉 … 어린이통학버스란 다음의 시설 가운데 어린이(13세 미만인 사람)를 교육 대상으로 하는 시설에서 어린이의 통학 등에 이용되는 자동차와 「여객자동차 운수사업법」에 따른 여객자동차운송사업의 한정면허를 받아 어린이를 여객대상으로 하여 운행되는 운송사업용 자동차를 말한다.
> ㉠ 「유아교육법」에 따른 유치원, 「초 · 중등교육법」에 따른 초등학교 및 특수학교
> ㉡ 「영유아보육법」에 따른 어린이집
> ㉢ 「학원의 설립 · 운영 및 과외교습에 관한 법률」에 따라 설립된 학원
> ㉣ 「체육시설의 설치 · 이용에 관한 법률」에 따라 설립된 체육시설

12 운전자가 승객을 기다리거나 화물을 싣거나 차가 고장 나거나 그 밖의 사유로 차를 계속 정지 상태에 두는 것 또는 운전자가 차에서 떠나서 즉시 그 차를 운전할 수 없는 상태에 두는 것은?

① 정지　　　　　② 정차
③ 주차　　　　　④ 출차

> **Advice** 주차란 운전자가 승객을 기다리거나 화물을 싣거나 차가 고장 나거나 그 밖의 사유로 차를 계속 정지 상태에 두는 것 또는 운전자가 차에서 떠나서 즉시 그 차를 운전할 수 없는 상태에 두는 것을 말한다.〈도로교통법 제2조 제24호〉

13 정차란 주차 외의 정지 상태로 운전자가 몇 분을 초과하지 아니하고 차를 정지시키는 것을 말하는가?

① 3분　　　　　② 5분
③ 10분　　　　　④ 15분

> **Advice** 정차란 운전자가 5분을 초과하지 아니하고 차를 정지시키는 것으로서 주차 외의 정지 상태를 말한다.〈도로교통법 제2조 제25호〉

14 초보운전자는 처음 운전면허를 받은 날부터 몇 년이 지나지 아니한 사람인가?

① 1년　　　　　② 2년
③ 3년　　　　　④ 4년

> **Advice** 초보운전자란 처음 운전면허를 받은 날(처음 운전면허를 받은 날부터 2년이 지나기 전에 운전면허의 취소처분을 받은 경우에는 그 후 다시 운전면허를 받은 날)부터 2년이 지나지 아니한 사람을 말한다. 이 경우 원동기장치자전거면허만 받은 사람이 원동기장치자전거면허 외의 운전면허를 받은 경우에는 처음 운전면허를 받은 것으로 본다. 〈도로교통법 제2조 제27호〉

15 무사고운전자 또는 유공운전자의 표시장을 받거나 2년 이상 사업용 자동차 운전에 종사하면서 교통사고를 일으킨 전력이 없는 사람으로서 경찰청장이 정하는 바에 따라 선발되어 교통안전 봉사활동에 종사하는 사람은?

① 모범운전자   ② 초보운전자
③ 숙련운전자   ④ 안전운전자

> **Advice** 모범운전자란 무사고운전자 또는 유공운전자의 표시장을 받거나 2년 이상 사업용 자동차 운전에 종사하면서 교통사고를 일으킨 전력이 없는 사람으로서 경찰청장이 정하는 바에 따라 선발되어 교통안전 봉사활동에 종사하는 사람을 말한다. 〈도로교통법 제2조 제33호〉

16 보행자의 통행에 대한 설명으로 옳지 않은 것은?

① 보행자는 보도와 차도가 구분된 도로에서는 언제나 보도로 통행하여야 한다.
② 보행자는 보도와 차도가 구분되지 아니한 도로에서는 차마와 마주보는 방향의 길가장자리 또는 길가장자리구역으로 통행하여야 한다.
③ 도로의 통행방향이 일방통행인 경우에는 차마를 마주보지 아니하고 통행할 수 있다.
④ 보행자는 보도에서는 좌측통행을 원칙으로 한다.

> **Advice** 보행자의 통행〈도로교통법 제8조〉
> ㉠ 보행자는 보도와 차도가 구분된 도로에서는 언제나 보도로 통행하여야 한다. 다만, 차도를 횡단하는 경우, 도로공사 등으로 보도의 통행이 금지된 경우나 그 밖의 부득이한 경우에는 그러하지 아니하다.
> ㉡ 보행자는 보도와 차도가 구분되지 아니한 도로에서는 차마와 마주보는 방향의 길가장자리 또는 길가장자리구역으로 통행하여야 한다. 다만, 도로의 통행방향이 일방통행인 경우에는 차마를 마주보지 아니하고 통행할 수 있다.
> ㉢ 보행자는 보도에서는 우측통행을 원칙으로 한다.

17 다음 중 행렬 등의 통행에서 도로의 중앙을 통행할 수 있는 경우는?

① 사회적으로 중요한 행사에 따라 시가를 행진하는 경우
② 사다리, 목재, 그 밖에 보행자의 통행에 지장을 줄 우려가 있는 물건을 운반 중인 경우
③ 군부대나 그 밖에 이에 준하는 단체의 행렬인 경우
④ 기(旗) 또는 현수막 등을 휴대한 행렬

> **Advice** ① 행렬 등은 사회적으로 중요한 행사에 따라 시가를 행진하는 경우에는 도로의 중앙을 통행할 수 있다. 〈도로교통법 제9조 제2항〉

18 차마의 운전자가 도로의 중앙이나 좌측 부분을 통행할 수 있는 경우가 아닌 것은?

① 도로가 일방통행인 경우
② 도로의 파손으로 우측 부분으로 통행할 수 없는 경우
③ 도로 우측 부분의 폭이 차마의 통행에 충분한 경우
④ 도로 우측 부분의 폭이 6미터가 되지 아니하는 도로에서 다른 차를 앞지르려는 경우

> **Advice** 차마의 운전자는 다음의 어느 하나에 해당하는 경우에는 도로의 중앙이나 좌측 부분을 통행할 수 있다. 〈도로교통법 제13조 제4항〉
> ㉠ 도로가 일방통행인 경우
> ㉡ 도로의 파손, 도로공사나 그 밖의 장애 등으로 도로의 우측 부분을 통행할 수 없는 경우
> ㉢ 도로 우측 부분의 폭이 6미터가 되지 아니하는 도로에서 다른 차를 앞지르려는 경우. 다만, 다음의 어느 하나에 해당하는 경우에는 그러하지 아니하다.
> • 도로의 좌측 부분을 확인할 수 없는 경우
> • 반대 방향의 교통을 방해할 우려가 있는 경우
> • 안전표지 등으로 앞지르기를 금지하거나 제한하고 있는 경우
> ㉣ 도로 우측 부분의 폭이 차마의 통행에 충분하지 아니한 경우
> ㉤ 가파른 비탈길의 구부러진 곳에서 교통의 위험을 방지하기 위하여 지방경찰청장이 필요하다고 인정하여 구간 및 통행방법을 지정하고 있는 경우에 그 지정에 따라 통행하는 경우

19 보행자의 도로 횡단에 대한 설명으로 틀린 것은?

① 보행자는 횡단보도, 지하도, 육교나 그 밖의 도로 횡단시설이 설치되어 있는 도로에서는 그 곳으로 횡단하여야 한다.

② 지하도나 육교 등의 도로 횡단시설을 이용할 수 없는 지체장애인의 경우에는 다른 교통에 방해가 되지 아니하는 방법으로 도로 횡단시설을 이용하지 아니하고 도로를 횡단할 수 있다.

③ 보행자는 횡단보도가 설치되어 있지 아니한 도로에서는 가장 긴 거리로 횡단하여야 한다.

④ 보행자는 모든 차의 바로 앞이나 뒤로 횡단하여서는 아니 된다.

20 다음 중 편도 4차로인 일반도로의 1차로를 통행할 수 있는 차종은?

① 대형승합자동차　　② 승용자동차
③ 특수자동차　　　　④ 원동기장치자전거

》 Advice 차로에 따른 통행차의 기준(고속도로 외의 도로)

도로	차로 구분	통행할 수 있는 차종
고속도로 외의 도로	편도 4차로	
	1차로	승용자동차, 중·소형승합자동차
	2차로	
	3차로	대형승합자동차, 적재중량이 1.5톤 이하인 화물자동차
	4차로	적재중량이 1.5톤을 초과하는 화물자동차, 특수자동차, 건설기계, 이륜자동차, 원동기장치자전거, 자전거 및 우마차
	편도 3차로	
	1차로	승용자동차, 중·소형승합자동차
	2차로	대형승합자동차, 적재중량이 1.5톤 이하인 화물자동차
	3차로	적재중량이 1.5톤을 초과하는 화물자동차, 특수자동차, 건설기계, 이륜자동차, 원동기장치자전거, 자전거 및 우마차
	편도 2차로	
	1차로	승용자동차, 중·소형승합자동차
	2차로	대형승합자동차, 화물자동차, 특수자동차, 건설기계, 이륜자동차, 원동기장치자전거, 자전거 및 우마차

21 고속도로의 버스전용차로를 통행할 수 없는 차는?

① 운전자만 승차한 36인승 대형승합자동차
② 본래의 긴급한 용도로 운행되고 있는 긴급자동차
③ 5명이 승차한 12인승 승합자동차
④ 9명이 승차한 9인승 승용자동차

》 Advice 전용차로의 종류와 전용차로로 통행할 수 있는 차

전용차로 종류	통행할 수 있는 차	
	고속도로	고속도로 외의 도로
버스 전용 차로	9인승 이상 승용자동차 및 승합자동차(승용자동차 또는 12인승 이하의 승합자동차는 6명 이상이 승차한 경우로 한정)	• 「자동차관리법」 제3조에 따른 36인승 이상의 대형승합자동차 • 「여객자동차 운수사업법」에 따른 36인승 미만의 사업용 승합자동차 • 법에 따라 증명서를 발급받아 어린이를 운송할 목적으로 운행 중인 어린이통학버스 • 위의 세 항목 외의 차로서 도로에서의 원활한 통행을 위하여 지방경찰청장이 지정한 다음의 어느 하나에 해당하는 승합자동차 －노선을 지정하여 운행하는 통학·통근용 승합자동차 중 16인승 이상 승합자동차 －국제행사 참가인원 수송 등 특히 필요하다고 인정되는 승합자동차(지방경찰청장이 정한 기간 이내로 한정) －「관광진흥법」에 따른 관광숙박업자 또는 「여객자동차 운수사업법 시행령」에 따른 전세버스운송사업자가 운행하는 25인승 이상의 외국인 관광객 수송용 승합자동차(외국인 관광객이 승차한 경우만 해당)
다인승 전용 차로		3명 이상 승차한 승용·승합자동차(다인승전용차로와 버스전용차로가 동시에 설치되는 경우에는 버스전용차로를 통행할 수 있는 차는 제외)
자전거 전용 차로		자전거

22 전용차로통행차 외에 전용차로로 통행할 수 있는 경우가 아닌 것은?

① 소방차가 불을 끄고 소방서로 돌아가는 경우
② 택시가 승객을 태우거나 내려주기 위하여 일시 통행하는 경우
③ 구급차가 교통사고 신고를 받고 출동하는 경우
④ 도로의 파손으로 인하여 전용차로가 아니면 통행할 수 없는 경우

> **Advice** 전용차로통행차 외에 전용차로로 통행할 수 있는 경우〈도로교통법 시행령 제10조〉
> ㉠ 긴급자동차가 그 본래의 긴급한 용도로 운행되고 있는 경우
> ㉡ 전용차로통행차의 통행에 장해를 주지 아니하는 범위에서 택시가 승객을 태우거나 내려주기 위하여 일시 통행하는 경우. 이 경우 택시 운전자는 승객이 타거나 내린 즉시 전용차로를 벗어나야 한다.
> ㉢ 도로의 파손, 공사, 그 밖의 부득이한 장애로 인하여 전용차로가 아니면 통행할 수 없는 경우

23 편도 1차로의 일반도로에서 자동차의 운행속도는?

① 매시 60km 이내 ② 매시 70km 이내
③ 매시 80km 이내 ④ 제한 없음

> **Advice** 자동차 등의 속도〈도로교통법 시행규칙 제19조〉
> ㉠ 일반도로(고속도로 및 자동차전용도로 외의 모든 도로 : 매시 60킬로미터 이내. 다만, 편도 2차로 이상의 도로에서는 매시 80킬로미터 이내
> ㉡ 자동차전용도로 : 최고속도는 매시 90킬로미터, 최저속도는 매시 30킬로미터
> ㉢ 고속도로
>   • 편도 1차로 고속도로 : 최고속도는 매시 80킬로미터, 최저속도는 매시 50킬로미터
>   • 편도 2차로 이상 고속도로 : 최고속도는 매시 100킬로미터[화물자동차(적재중량 1.5톤을 초과하는 경우에 한함)·특수자동차·위험물운반자동차 및 건설기계의 최고속도는 매시 80킬로미터], 최저속도는 매시 50킬로미터
>   • 단, 편도 2차로 이상의 고속도로로서 경찰청장이 고속도로의 원활한 소통을 위하여 특히 필요하다고 인정하여 지정·고시한 노선 또는 구간의 최고속도는 매시 120킬로미터(화물자동차·특수자동차·위험물운반자동차 및 건설기계의 최고속도는 매시 90킬로미터) 이내, 최저속도는 매시 50킬로미터

24 최고속도가 매시 80km인 도로에 비가 내려 노면이 젖어있는 경우의 최고속도는?

① 매시 70km ② 매시 68km
③ 매시 64km ④ 매시 60km

> **Advice** 비·안개·눈 등으로 인한 악천후 시의 감속운행
> ㉠ 최고속도의 100분의 20을 줄인 속도로 운행하여야 하는 경우
>   • 비가 내려 노면이 젖어있는 경우
>   • 눈이 20밀리미터 미만 쌓인 경우
> ㉡ 최고속도의 100분의 50을 줄인 속도로 운행하여야 하는 경우
>   • 폭우·폭설·안개 등으로 가시거리가 100미터 이내인 경우
>   • 노면이 얼어붙은 경우다. 눈이 20밀리미터 이상 쌓인 경우

25 최고속도가 매시 100km인 도로가 안개로 가시거리가 100미터 이내인 경우의 최고속도는?

① 매시 60km ② 매시 55km
③ 매시 50km ④ 매시 45km

> **Advice** 폭우·폭설·안개 등으로 가시거리가 100미터 이내인 경우 최고속도의 100분의 50을 줄인 속도로 운행하여야 한다.
> $$\therefore 100 \times \frac{50}{100} = 50km/h$$

26 안전거리 확보에 대한 설명으로 틀린 것은?

① 모든 차의 운전자는 같은 방향으로 가고 있는 앞차가 갑자기 정지하게 되는 경우 그 앞차와의 충돌을 피할 수 있는 필요한 거리를 확보하여야 한다.
② 자동차 등의 운전자는 같은 방향으로 가고 있는 자전거 운전자에 주의하여야 하며, 그 옆을 지날 때에는 충돌을 피할 수 있는 필요한 거리를 확보하여야 한다.
③ 모든 차의 운전자는 차의 진로를 변경하려는 경우에 그 변경하려는 방향으로 오고 있는 다른 차의 정상적인 통행에 장애를 줄 우려가 있을 때에는 진로를 변경하여서는 아니 된다.
④ 모든 차의 운전자는 운전하는 차를 갑자기 정지시키거나 속도를 줄이는 등의 급제동을 할 수 있다.

> **Advice** 안전거리 확보 등〈도로교통법 제19조〉
> ㉠ 모든 차의 운전자는 같은 방향으로 가고 있는 앞차의 뒤를 따르는 경우에는 앞차가 갑자기 정지하게 되는 경우 그 앞차와의 충돌을 피할 수 있는 필요한 거리를 확보하여야 한다.
> ㉡ 자동차등의 운전자는 같은 방향으로 가고 있는 자전거 운전자에 주의하여야 하며, 그 옆을 지날 때에는 자전거와의 충돌을 피할 수 있는 필요한 거리를 확보하여야 한다.

ⓒ 모든 차의 운전자는 차의 진로를 변경하려는 경우에 그 변경하려는 방향으로 오고 있는 다른 차의 정상적인 통행에 장애를 줄 우려가 있을 때에는 진로를 변경하여서는 아니 된다.

ⓔ 모든 차의 운전자는 위험방지를 위한 경우와 그 밖의 부득이한 경우가 아니면 운전하는 차를 갑자기 정지시키거나 속도를 줄이는 등의 급제동을 하여서는 아니 된다.

27 통행 구분이 설치되어 있지 않은 도로에서 뒤에 따라오는 차보다 느린 속도로 가려는 경우에는 어느 쪽으로 피하여야 하는가?

① 우측 가장자리   ② 우측 중간
③ 좌측 가장자리   ④ 좌측 중간

⟩ **Advice** 모든 차(긴급자동차는 제외)의 운전자는 뒤에서 따라오는 차보다 느린 속도로 가려는 경우에는 도로의 우측 가장자리로 피하여 진로를 양보하여야 한다. 다만, 통행 구분이 설치된 도로의 경우에는 그러하지 아니하다.

28 앞지르기 방법에 대한 설명이다. 잘못된 것은?

① 모든 차의 운전자는 다른 차를 앞지르려면 앞차의 좌측으로 통행하여야 한다.
② 앞지르려고 하는 모든 차의 운전자는 반대방향의 교통에는 주의할 필요가 없다.
③ 차로에 따른 통행차의 기준을 준수하여 앞지르기를 하는 때에는 속도를 높여 앞지르기를 방해하여서는 아니 된다.
④ 모든 차의 운전자는 앞차가 다른 차를 앞지르고 있거나 앞지르려고 하는 경우에는 앞지르기를 하지 못한다.

⟩ **Advice** ② 앞지르려고 하는 모든 차의 운전자는 반대방향의 교통과 앞차 앞쪽의 교통에도 주의를 충분히 기울여야 하며, 앞차의 속도·진로와 그 밖의 도로상황에 따라 방향지시기, 등화 또는 경음기를 사용하는 등 안전한 속도와 방법으로 앞지르기를 하여야 한다.

29 다음 중 앞지르기를 할 수 있는 곳은?

① 교차로
② 터널 안
③ 가파르지 않은 비탈길
④ 다리 위

⟩ **Advice** 교차로, 터널 안, 다리 위에서는 앞지르기를 할 수 없으며, 도로의 구부러진 곳, 비탈길의 고갯마루 부근 또는 가파른 비탈길의 내리막 등 지방경찰청장이 도로에서의 위험을 방지하고 교통의 안전과 원활한 소통을 확보하기 위하여 필요하다고 인정하는 곳으로서 안전표지로 지정한 곳에서는 앞지르기를 못한다.

30 교통정리가 없는 교차로에서의 양보운전에 대한 설명으로 옳은 것은?

① 교통정리를 하고 있지 아니하는 교차로에 들어가려고 하는 차의 운전자는 이미 교차로에 들어가 있는 다른 차가 있을 때 그 차의 진로를 막으며 진입할 수 있다.
② 교통정리를 하고 있지 아니하는 교차로에 들어가려고 하는 차의 운전자는 그 차가 통행하고 있는 도로의 폭보다 폭이 넓은 도로로부터 교차로에 들어가려고 하는 다른 차가 있을 때에는 먼저 교차로에 진입할 수 있다.
③ 교통정리를 하고 있지 아니하는 교차로에 동시에 들어가려고 하는 차의 운전자는 좌측도로의 차에 진로를 양보하여야 한다.
④ 교통정리를 하고 있지 아니하는 교차로에서 좌회전하려고 하는 차의 운전자는 그 교차로에서 직진하거나 우회전하려는 다른 차가 있을 때에는 그 차에 진로를 양보하여야 한다.

⟩ **Advice** ① 교통정리를 하고 있지 아니하는 교차로에 들어가려고 하는 차의 운전자는 이미 교차로에 들어가 있는 다른 차가 있을 때에는 그 차에 진로를 양보하여야 한다.
② 교통정리를 하고 있지 아니하는 교차로에 들어가려고 하는 차의 운전자는 그 차가 통행하고 있는 도로의 폭보다 교차하는 도로의 폭이 넓은 경우에는 서행하여야 하며, 폭이 넓은 도로로부터 교차로에 들어가려고 하는 다른 차가 있을 때에는 그 차에 진로를 양보하여야 한다.
③ 교통정리를 하고 있지 아니하는 교차로에 동시에 들어가려고 하는 차의 운전자는 우측도로의 차에 진로를 양보하여야 한다.

31 다음 중 일시정지 해야 하는 장소는?

① 도로가 구부러진 부근
② 비탈길의 고갯마루 부근
③ 가파른 비탈길의 내리막
④ 교통정리를 하고 있지 아니하고 좌우를 확인할 수 없는 교차로

》Advice ①②③ 서행하여야 하는 장소이다.
※ 서행 또는 일시정지 할 장소〈도로교통법 제31조〉
㉠ 모든 차의 운전자는 다음의 어느 하나에 해당하는 곳에서는 서행하여야 한다.
• 교통정리를 하고 있지 아니하는 교차로
• 도로가 구부러진 부근
• 비탈길의 고갯마루 부근
• 가파른 비탈길의 내리막
• 지방경찰청장이 도로에서의 위험을 방지하고 교통의 안전과 원활한 소통을 확보하기 위하여 필요하다고 인정하여 안전표지로 지정한 곳
㉡ 모든 차의 운전자는 다음의 어느 하나에 해당하는 곳에서는 일시정지하여야 한다.
• 교통정리를 하고 있지 아니하고 좌우를 확인할 수 없거나 교통이 빈번한 교차로
• 지방경찰청장이 도로에서의 위험을 방지하고 교통의 안전과 원활한 소통을 확보하기 위하여 필요하다고 인정하여 안전표지로 지정한 곳

32 다음 중 정차 및 주차 금지구역이 아닌 곳은?

① 주차장법에 따라 차도와 보도에 걸쳐서 설치된 노상주차장
② 교차로의 가장자리 또는 도로의 모퉁이로부터 5m 이내인 곳
③ 안전지대가 설치된 도로에서는 그 안전지대의 사방으로부터 10m 이내인 곳
④ 건널목의 가장자리 또는 횡단보도로부터 10m 이내인 곳

》Advice 정차 및 주차의 금지〈도로교통법 제32조〉 … 모든 차의 운전자는 다음의 어느 하나에 해당하는 곳에서는 차를 정차하거나 주차하여서는 아니 된다. 다만, 이 법이나 이 법에 따른 명령 또는 경찰공무원의 지시를 따르는 경우와 위험방지를 위하여 일시정지하는 경우에는 그러하지 아니하다.
㉠ 교차로·횡단보도·건널목이나 보도와 차도가 구분된 도로의 보도(「주차장법」에 따라 차도와 보도에 걸쳐서 설치된 노상주차장은 제외)
㉡ 교차로의 가장자리나 도로의 모퉁이로부터 5미터 이내인 곳

㉢ 안전지대가 설치된 도로에서는 그 안전지대의 사방으로부터 각각 10미터 이내인 곳
㉣ 버스여객자동차의 정류지(停留地)임을 표시하는 기둥이나 표지판 또는 선이 설치된 곳으로부터 10미터 이내인 곳. 다만, 버스여객자동차의 운전자가 그 버스여객자동차의 운행시간 중에 운행노선에 따르는 정류장에서 승객을 태우거나 내리기 위하여 차를 정차하거나 주차하는 경우에는 그러하지 아니하다.
㉤ 건널목의 가장자리 또는 횡단보도로부터 10미터 이내인 곳
㉥ 지방경찰청장이 도로에서의 위험을 방지하고 교통의 안전과 원활한 소통을 확보하기 위하여 필요하다고 인정하여 지정한 곳

33 다음은 주차금지 장소이다. 옳지 않은 것은?

① 터널 안 및 다리 위
② 화재경보기로부터 5m 이내인 곳
③ 소방용 방화 물통으로부터 5m 이내인 곳
④ 도로공사를 하고 있는 경우에는 그 공사 구역의 양쪽 가장자리로부터 5m 이내인 곳

》Advice ② 화재경보기로부터 3m 이내인 곳
※ 주차금지의 장소〈도로교통법 제33조〉
㉠ 터널 안 및 다리 위
㉡ 화재경보기로부터 3미터 이내인 곳
㉢ 다음의 곳으로부터 5미터 이내인 곳
• 소방용 기계·기구가 설치된 곳
• 소방용 방화 물통
• 소화전 또는 소화용 방화 물통의 흡수구나 흡수관을 넣는 구멍
• 도로공사를 하고 있는 경우에는 그 공사 구역의 양쪽 가장자리
㉣ 지방경찰청장이 도로에서의 위험을 방지하고 교통의 안전과 원활한 소통을 확보하기 위하여 필요하다고 인정하여 지정한 곳

34 다음 중 견인되는 차가 켜야 하는 등화가 아닌 것은?

① 전조등   ② 미등
③ 차폭등   ④ 번호등

》Advice 견인되는 차는 미등·차폭등 및 번호등을 켜야 한다.

35 다음은 등화의 조작에 대한 설명이다. 옳지 않은 것은?

① 밤에 서로 마주보고 진행할 때에는 전조등의 밝기를 줄이거나 불빛의 방향을 아래로 향하게 하거나 잠시 전조등을 끈다.
② 밤에 앞차의 바로 뒤를 따라가는 때에는 전조등 불빛의 방향을 아래로 향하게 한다.
③ 밤에 앞차의 바로 뒤를 따라가는 때에는 전조등 불빛의 밝기를 함부로 조작하여 앞차의 운전을 방해하지 않는다.
④ 모든 차의 운전자는 교통이 빈번한 곳에서 운행하는 때에는 전조등 불빛의 방향을 계속 위로 유지하여야 한다.

》 **Advice** ④ 모든 차의 운전자는 교통이 빈번한 곳에서 운행하는 때에는 전조등 불빛의 방향을 계속 <u>아래</u>로 유지하여야 한다. 다만, 지방경찰청장이 교통의 안전과 원활한 소통을 확보하기 위하여 필요하다고 인정하여 지정한 지역에서는 그러하지 아니하다.

36 고속도로 외의 도로에서 자동차의 승차인원은 승차정원의 몇 % 이내이어야 하는가?

① 100%
② 110%
③ 120%
④ 130%

》 **Advice** 자동차(고속버스 운송사업용 자동차 및 화물자동차는 제외)의 승차인원은 승차정원의 110% 이내일 것. 다만, 고속도로에서는 승차정원을 넘어서 운행할 수 없다.

37 운전이 금지되는 자동차 앞면 창유리 가시광선 투과율의 기준은?

① 50% 미만
② 60% 미만
③ 70% 미만
④ 80% 미만

》 **Advice** 자동차 창유리 가시광선 투과율의 기준〈도로교통법 시행령 제28조〉
㉠ 앞면 창유리 : 70퍼센트 미만
㉡ 운전석 좌우 옆면 창유리 : 40퍼센트 미만

38 「도로교통법」에서 규정한 '술에 취한 상태에서의 운전금지'는 혈중알코올농도 몇 % 이상을 말하는가?

① 0.01%
② 0.05%
③ 0.1%
④ 0.15%

》 **Advice** 술에 취한 상태에서의 운전 금지〈도로교통법 제44조〉
㉠ 누구든지 술에 취한 상태에서 자동차 등을 운전하여서는 아니 된다.
㉡ 경찰공무원은 교통의 안전과 위험방지를 위하여 필요하다고 인정하거나 ㉠을 위반하여 술에 취한 상태에서 자동차 등을 운전하였다고 인정할 만한 상당한 이유가 있는 경우에는 운전자가 술에 취하였는지를 호흡조사로 측정할 수 있다. 이 경우 운전자는 경찰공무원의 측정에 응하여야 한다.
㉢ ㉡에 따른 측정 결과에 불복하는 운전자에 대하여는 그 운전자의 동의를 받아 혈액 채취 등의 방법으로 다시 측정할 수 있다.
㉣ ㉠에 따라 운전이 금지되는 술에 취한 상태의 기준은 운전자의 혈중알코올농도가 0.05퍼센트 이상인 경우로 한다.

39 다음은 모든 운전자의 준수사항에 대한 설명이다. 잘못된 것은?

① 물이 고인 곳을 운행할 때에는 고인 물을 튀게 하여 다른 사람에게 피해를 주는 일이 없도록 할 것
② 앞을 보지 못하는 사람이 흰색 지팡이를 가지거나 장애인보조견을 동반하고 도로를 횡단하고 있는 경우 일시정지할 것
③ 경음기를 울릴 때는 반복적이거나 연속적으로 울릴 것
④ 운전자는 승객이 차 안에서 안전운전에 현저히 장해가 될 정도로 춤을 추는 등 소란행위를 하도록 내버려두고 차를 운행하지 아니할 것

》 **Advice** ③ 운전자는 정당한 사유 없이 반복적이거나 연속적으로 경음기를 울리는 행위로 다른 사람에게 피해를 주는 소음을 발생시키지 아니해야 한다.

40 모든 운전자의 준수사항에 대한 설명 중 적절하지 않은 것은?

① 물이 고인 곳을 운행하는 때에는 고인 물을 튀게 하여 다른 사람에게 피해를 주는 일이 없도록 해야 한다.

② 지하도나 육교 등 도로 횡단시설을 이용할 수 없는 지체장애인이나 노인 등이 도로를 횡단하고 있는 경우 일시정지 해야 한다.

③ 자동차 등의 운전 중에는 지리안내 영상 또는 교통정보안내 영상을 수신하거나 재생하는 장치를 통하여 운전자가 운전 중에 볼 수 있는 위치에 영상이 표시되지 아니하도록 해야 한다.

④ 운전자는 안전을 확인하지 아니하고 차의 문을 열거나 내려서는 아니 되며, 동승자가 교통의 위험을 일으키지 아니하도록 필요한 조치를 해야 한다.

》 Advice 자동차 등에 장착하거나 거치하여 놓은 영상 표시장치에 지리안내 영상 또는 교통정보안내 영상이 표시되는 경우에는 운전 중에 영상이 표시되어도 된다.

41 교통사고가 발생한 차의 운전자가 국가경찰관서에 사고 신고를 할 때 알려야 하는 사항이 아닌 것은?

① 사고가 일어난 시간
② 사고가 일어난 곳
③ 사상자 수 및 부상 정도
④ 손괴한 물건 및 손괴 정도

》 Advice 차의 운전 등 교통으로 인하여 사람을 사상하거나 물건을 손괴한 경우(교통사고)에는 그 차의 운전자나 그 밖의 승무원은 경찰공무원이 현장에 있을 때에는 그 경찰공무원에게, 경찰공무원이 현장에 없을 때에는 가장 가까운 국가경찰관서(지구대, 파출소 및 출장소를 포함)에 다음의 사항을 지체 없이 신고하여야 한다. 다만, 운행 중인 차만 손괴된 것이 분명하고 도로에서의 위험방지와 원활한 소통을 위하여 필요한 조치를 한 경우에는 그러하지 아니하다.
ㄱ 사고가 일어난 곳
ㄴ 사상자 수 및 부상 정도
ㄷ 손괴한 물건 및 손괴 정도
ㄹ 그 밖의 조치사항 등

42 다음 중 행정자치부령으로 정하는 좌석안전띠를 매지 아니하여도 되는 경우가 아닌 것은?

① 임신으로 인하여 좌석안전띠의 착용이 적당하지 아니하다고 인정되는 자가 운전할 때

② 자동차를 전진시키기 위하여 운전하는 때

③ 신장·비만, 그 밖의 신체의 상태에 의하여 좌석안전띠 착용이 적당하지 아니하다고 인정되는 자가 운전할 때

④ 긴급자동차가 그 본래의 용도로 운행되고 있을 때

》 Advice ② 자동차를 후진시키기 위하여 운전하는 때
※ 좌석안전띠 미착용 사유〈도로교통법 시행규칙 제31조〉
ㄱ 부상·질병·장애 또는 임신 등으로 인하여 좌석안전띠의 착용이 적당하지 아니하다고 인정되는 자가 자동차를 운전하거나 승차하는 때
ㄴ 자동차를 후진시키기 위하여 운전하는 때
ㄷ 신장·비만, 그 밖의 신체의 상태에 의하여 좌석안전띠의 착용이 적당하지 아니하다고 인정되는 자가 자동차를 운전하거나 승차하는 때
ㄹ 긴급자동차가 그 본래의 용도로 운행되고 있는 때
ㅁ 경호 등을 위한 경찰용 자동차에 의하여 호위되거나 유도되고 있는 자동차를 운전하거나 승차하는 때
ㅂ 「국민투표법」 및 공직선거관계법령에 의하여 국민투표운동·선거운동 및 국민투표·선거관리업무에 사용되는 자동차를 운전하거나 승차하는 때
ㅅ 우편물의 집배, 폐기물의 수집 그 밖에 빈번히 승강하는 것을 필요로 하는 업무에 종사하는 자가 해당업무를 위하여 자동차를 운전하거나 승차하는 때
ㅇ 「여객자동차 운수사업법」에 의한 여객자동차운송사업용 자동차의 운전자가 승객의 주취·약물복용 등으로 좌석안전띠를 매도록 할 수 없는 때

43 고속도로 또는 자동차전용도로에서 차를 정차 또는 주차시킬 수 있는 경우가 아닌 것은?

① 법령의 규정 또는 자치경찰공무원의 지시에 따르거나 위험을 방지하기 위하여 일시 정차 또는 주차시키는 경우

② 고장이나 그 밖의 부득이한 사유로 길가장자리구역에 정차 또는 주차시키는 경우

③ 통행료를 내기 위하여 통행료를 받는 곳에서 정차하는 경우

④ 교통이 밀리거나 그 밖의 부득이한 사유로 움직일 수 없을 때에 고속도로 또는 자동차전용도로의 차로에 일시 정차 또는 주차시키는 경우

답 》 35.④ 36.② 37.③ 38.② 39.③ 40.③ 41.① 42.② 43.①

> Advice ① 자치경찰공무원은 제외된다.

※ 고속도로 등에서의 정차 및 주차의 금지〈도로교통법 제64조〉
  ㉠ 법령의 규정 또는 경찰공무원(자치경찰공무원은 제외)의 지시에 따르거나 위험을 방지하기 위하여 일시 정차 또는 주차시키는 경우
  ㉡ 정차 또는 주차할 수 있도록 안전표지를 설치한 곳이나 정류장에서 정차 또는 주차시키는 경우
  ㉢ 고장이나 그 밖의 부득이한 사유로 길가장자리구역(갓길을 포함)에 정차 또는 주차시키는 경우
  ㉣ 통행료를 내기 위하여 통행료를 받는 곳에서 정차하는 경우
  ㉤ 도로의 관리자가 고속도로 등을 보수·유지 또는 순회하기 위하여 정차 또는 주차시키는 경우
  ㉥ 경찰용 긴급자동차가 고속도로 등에서 범죄수사, 교통단속이나 그 밖의 경찰임무를 수행하기 위하여 정차 또는 주차시키는 경우
  ㉦ 교통이 밀리거나 그 밖의 부득이한 사유로 움직일 수 없을 때에 고속도로 등의 차로에 일시 정차 또는 주차시키는 경우

44 도로에서의 금지행위가 아닌 것은?

① 술에 취하여 도로에서 갈팡질팡하는 행위
② 교통이 빈번한 도로에서 공놀이 또는 썰매타기 등의 놀이를 하는 행위
③ 도로에서 교통에 방해되지 않게 서있는 행위
④ 도로를 통행하고 있는 차마에서 밖으로 물건을 던지는 행위

> Advice 도로에서의 금지행위 등〈도로교통법 제68조〉
  ㉠ 누구든지 함부로 신호기를 조작하거나 교통안전시설을 철거·이전하거나 손괴하여서는 아니 되며, 교통안전시설이나 그와 비슷한 인공구조물을 도로에 설치하여서는 아니 된다.
  ㉡ 누구든지 교통에 방해가 될 만한 물건을 도로에 함부로 내버려두어서는 아니 된다.
  ㉢ 누구든지 다음의 어느 하나에 해당하는 행위를 하여서는 아니 된다.
    • 술에 취하여 도로에서 갈팡질팡하는 행위
    • 도로에서 교통에 방해되는 방법으로 눕거나 앉거나 서있는 행위
    • 교통이 빈번한 도로에서 공놀이 또는 썰매타기 등의 놀이를 하는 행위
    • 돌·유리병·쇳조각이나 그 밖에 도로에 있는 사람이나 차마를 손상시킬 우려가 있는 물건을 던지거나 발사하는 행위
    • 도로를 통행하고 있는 차마에서 밖으로 물건을 던지는 행위
    • 도로를 통행하고 있는 차마에 뛰어오르거나 매달리거나 차마에서 뛰어내리는 행위
    • 그 밖에 지방경찰청장이 교통상의 위험을 방지하기 위하여 필요하다고 인정하여 지정·공고한 행위

45 운전면허를 받으려는 사람이 받아야 하는 교통안전교육이 아닌 것은?

① 운전자가 갖추어야 하는 기본예절
② 도로교통에 관한 법령과 지식
③ 긴급자동차에 길 터주기 요령
④ 보복운전 방법

> Advice 교통안전교육〈도로교통법 제73조 제1항〉… 운전면허를 받으려는 사람은 대통령령으로 정하는 바에 따라 시험에 응시하기 전에 다음의 사항에 관한 교통안전교육을 받아야 한다. 다만, 특별한 교통안전교육을 받은 사람 또는 자동차운전 전문학원에서 학과교육을 수료한 사람은 그러하지 아니하다.
  ㉠ 운전자가 갖추어야 하는 기본예절
  ㉡ 도로교통에 관한 법령과 지식
  ㉢ 안전운전 능력
  ㉣ 어린이·장애인 및 노인의 교통사고 예방에 관한 사항
  ㉤ 친환경 경제운전에 필요한 지식과 기능
  ㉥ 긴급자동차에 길 터주기 요령
  ㉦ 그 밖에 교통안전의 확보를 위하여 필요한 사항

46 교통사고의 예방, 술에 취한 상태에서 운전하는 것의 위험성 및 안전운전 요령 등에 관한 교육은?

① 교통법규교육   ② 교통소양교육
③ 요통참여교육   ④ 교통안전교육

> Advice 특별교통안전교육〈도로교통법 제38조 제1항〉
  ㉠ 교통법규교육 : 교통법규와 안전 등에 관한 교육으로서 교통법규의 위반 등으로 인하여 운전면허효력 정지처분을 받을 가능성이 있는 사람 가운데 교육받기를 원하는 사람으로서 해당 교육 실시일부터 과거 1년 이내에 같은 교육을 받지 아니한 사람을 대상으로 한다.
  ㉡ 교통소양교육 : 교통사고의 예방, 술에 취한 상태에서 운전하는 것의 위험성 및 안전운전 요령 등에 관한 교육으로서 다음의 어느 하나에 해당하는 사람을 대상으로 한다.
    • 교통사고, 술에 취한 상태에서의 운전, 공동 위험행위 또는 난폭운전으로 운전면허효력 정지처분을 받게 되거나 받은 사람으로서 그 처분기간이 끝나지 아니한 사람
    • 교통법규 위반 등에 따른 사유 외의 사유로 운전면허효력 정지처분을 받게 되거나 받은 사람 가운데 교육받기를 원하는 사람
    • 운전면허효력 정지처분을 받게 되거나 받은 초보운전자로서 그 처분기간이 끝나지 아니한 사람
    • 운전면허 취소처분을 받은 사람으로서 운전면허를 다시 받으려는 사람

© **교통참여교육**: 교통안전을 위한 활동에 실제로 참여하여 체험하도록 하는 등의 교육으로서 교통소양교육을 받은 사람 가운데 교육받기를 원하는 사람으로서 해당 교육 실시일부터 과거 1년 이내에 같은 교육을 받지 아니한 사람을 대상으로 한다.

47 다음 중 특별교통안전교육 사항이 아닌 것은?

① 교통질서
② 교통사고와 그 예방
③ 안전운전의 기초
④ 교통문화 발전을 위한 정책

》**Advice** 특별교통안전교육은 다음의 사항에 대하여 강의·시청각교육 또는 현장체험교육 등의 방법으로 4시간 이상 16시간 이하 실시한다.
㉠ 교통질서
㉡ 교통사고와 그 예방
㉢ 안전운전의 기초
㉣ 교통법규와 안전
㉤ 운전면허 및 자동차관리
㉥ 그 밖에 교통안전의 확보를 위하여 필요한 사항

48 교통사고, 공동위험행위 또는 난폭운전으로 운전면허효력 정지처분을 받게 되거나 받은 사람으로서 그 처분기간이 만료되기 전에 있는 사람이 운전면허를 다시 받고자 할 때, 몇 시간의 교통소양교육을 받아야 하는가?

① 6시간
② 8시간
③ 12시간
④ 16시간

》**Advice** 교통사고, 공동위험행위 또는 난폭운전으로 운전면허효력 정지처분을 받은 사람에 대한 교통소양교육

교육대상자	교육시간	교육과목 및 내용
교통사고, 공동위험행위 또는 난폭운전으로 운전면허효력 정지처분을 받게 되거나 받은 사람으로서 그 처분기간이 만료되기 전에 있는 사람	6시간	• 교통질서와 교통사고 • 교통사고의 예방과 안전운전 • 안전운전요령 • 교통법규와 교통사고 • 위험예측과 방어운전 • 정밀 운전적성검사 등

49 과거 5년 이내 2회 음주운전 전력이 있는 사람이 운전면허를 다시 받고자 할 때, 몇 시간의 교통소양교육을 받아야 하는가?

① 6시간
② 8시간
③ 12시간
④ 16시간

》**Advice** 음주운전자에 대한 교통소양교육

교육대상자		교육시간	교육과목 및 내용
음주운전으로 운전면허효력 정지처분을 받게 되거나 받은 사람으로서 그 처분기간이 만료되기 전에 있는 사람 또는 음주운전으로 운전면허 취소처분을 받은 사람으로서 운전면허를 다시 받고자 하는 사람	1회의 음주운전자	6시간	• 음주운전 실태 • 음주운전의 주요 원인 • 알코올이 운전에 미치는 영향 • 음주운전 유형 • 음주운전 극복 • 주요 생활 교통법규 등
	과거 5년 이내 2회 음주운전(당해 처분의 원인이 된 음주운전을 포함)한 전력이 있는 사람	8시간	• 음주문화와 교통안전 • 음주운전 재발의 원인 및 유형 • 음주운전 재발자의 심리적 특성 • 음주운전 관련 교통법규 • 음주운전 예방 • 운전성격·행동 검사 • 안전운전과 교통법규 등
	과거 5년 이내 3회 이상 음주운전(당해 처분의 원인이 된 음주운전을 포함)한 전력이 있는 사람	16시간	• 안전운전과 교통법규 등 • 안전운전 체험 • 행동 변화를 위한 상담 등

50 다음 중 1종 보통면허로 운전할 수 있는 차량은?

① 승차정원이 20인인 승합자동차
② 승차정원이 15인인 긴급자동차
③ 적재중량이 11톤인 화물자동차
④ 총중량이 10톤인 특수자동차

> **Advice** 운전면허 종별 운전할 수 있는 차량

운전면허		운전할 수 있는 차량
종별	구분	
제1종	대형면허	• 승용자동차 • 승합자동차 • 화물자동차 • 긴급자동차 • 건설기계 －덤프트럭, 아스팔트살포기, 노상안정기 －콘크리트믹서트럭, 콘크리트펌프, 천공기(트럭 적재식) －콘크리트믹서트레일러, 아스팔트콘크리트재생기 －도로보수트럭, 3톤 미만의 지게차 • 특수자동차(트레일러 및 레커는 제외한다) • 원동기장치자전거
	보통면허	• 승용자동차 • 승차정원 15인 이하의 승합자동차 • 승차정원 12인 이하의 긴급자동차(승용 및 승합자동차에 한정) • 적재중량 12톤 미만의 화물자동차 • 건설기계(도로를 운행하는 3톤 미만의 지게차에 한정) • 총중량 10톤 미만의 특수자동차(트레일러 및 레커는 제외) • 원동기장치자전거
	소형면허	• 3륜화물자동차 • 3륜승용자동차 • 원동기장치자전거
	특수면허	• 트레일러 • 레커 • 제2종보통면허로 운전할 수 있는 차량
제2종	보통면허	• 승용자동차 • 승차정원 10인 이하의 승합자동차 • 적재중량 4톤 이하의 화물자동차 • 총중량 3.5톤 이하의 특수자동차(트레일러 및 레커는 제외) • 원동기장치자전거
	소형면허	• 이륜자동차 (측차부를 포함) • 원동기장치자전거
	원동기장치자전거면허	• 원동기장치자전거

51 다음 중 운전면허(원동기장치자전거 제외)를 받을 수 없는 사람을 모두 고른 것은?

> ⊙ 18세인 김종인 군
> ⓒ 전문의로부터 치매 진단을 받은 72세 김철수 씨
> ⓒ 한쪽 팔의 팔꿈치관절을 잃은 37세 이재인 씨
> ⓔ 척추 장애로 인하여 앉아 있을 수 없는 53세 박갑동 씨

① ⊙, ⓒ
② ⓒ, ⓒ
③ ⓒ, ⓔ
④ ⓒ, ⓔ

> **Advice** 운전면허의 결격사유〈도로교통법 제82조 제1항〉
> ⊙ 18세 미만(원동기장치자전거의 경우에는 16세 미만)인 사람
> ⓒ 교통상의 위험과 장해를 일으킬 수 있는 정신질환자 또는 뇌전증 환자로서 대통령령으로 정하는 사람(치매, 정신분열병, 분열형 정동장애, 양극성 정동장애, 재발성 우울장애 등의 정신질환 또는 정신 발육지연, 뇌전증 등으로 인하여 정상적인 운전을 할 수 없다고 해당 분야 전문의가 인정하는 사람)
> ⓒ 듣지 못하는 사람(제1종 운전면허 중 대형면허·특수면허만 해당), 앞을 보지 못하는 사람이나 그 밖에 대통령령으로 정하는 신체장애인(다리, 머리, 척추, 그 밖의 신체의 장애로 인하여 앉아 있을 수 없는 사람. 다만, 신체장애 정도에 적합하게 제작·승인된 자동차를 사용하여 정상적인 운전을 할 수 있는 경우는 제외)
> ⓔ 양쪽 팔의 팔꿈치관절 이상을 잃은 사람이나 양쪽 팔을 전혀 쓸 수 없는 사람. 다만, 본인의 신체장애 정도에 적합하게 제작된 자동차를 이용하여 정상적인 운전을 할 수 있는 경우에는 그러하지 아니하다.
> ⓜ 교통상의 위험과 장해를 일으킬 수 있는 마약·대마·향정신성의약품 또는 알코올 중독자로서 대통령령으로 정하는 사람(마약·대마·향정신성의약품 또는 알코올 관련 장애 등으로 인하여 정상적인 운전을 할 수 없다고 해당 분야 전문의가 인정하는 사람)
> ⓗ 제1종 대형면허 또는 제1종 특수면허를 받으려는 경우로서 19세 미만이거나 자동차(이륜자동차는 제외한다)의 운전경험이 1년 미만인 사람

52 법규위반 또는 교통사고로 인한 벌점은 행정처분기준을 적용하고자 하는 당해 위반 또는 사고가 있었던 날을 기준으로 하여 과거 몇 년간의 모든 벌점을 누산하여 관리하는가?

① 1년
② 2년
③ 3년
④ 4년

ⓛ 술에 만취한 상태(혈중알코올농도 0.1퍼센트 이상)에서 운전한 때

ⓒ 2회 이상 술에 취한 상태의 기준을 넘어 운전하거나 술에 취한 상태의 측정에 불응한 사람이 다시 술에 취한 상태(혈중알코올농도 0.05퍼센트 이상)에서 운전한 때

> » Advice 법규위반 또는 교통사고로 인한 벌점은 행정처분기준을 적용하고자 하는 당해 위반 또는 사고가 있었던 날을 기준으로 하여 과거 <u>3년간</u>의 모든 벌점을 누산하여 관리한다.

53 처분벌점이 40점 미만인 경우 무위반·무사고기간 경과로 인한 벌점 소멸 기간은?

① 1년   ② 2년
③ 3년   ④ 4년

> » Advice 처분벌점이 40점 미만인 경우에, 최종의 위반일 또는 사고일로부터 위반 및 사고 없이 <u>1년</u>이 경과한 때에는 그 처분벌점은 소멸한다.

54 1회의 위반·사고로 인한 벌점 또는 연간 누산점수가 201점 이상일 경우 운전면허 취소 기간은?

① 6개월   ② 1년
③ 2년   ④ 3년

> » Advice 벌점·누산점수 초과로 인한 면허 취소

기간	벌점 또는 누산점수
1년간	121점 이상
2년간	201점 이상
3년간	271점 이상

55 다음 중 술에 취한 상태에서의 운전과 관련하여 운전면허 취소처분 기준으로 틀린 것은?

① 혈중알코올농도 0.03퍼센트를 넘어서 운전을 하다가 교통사고로 사람을 다치게 한 때
② 혈중알코올농도 0.05퍼센트를 넘어서 운전을 하다가 교통사고로 사람을 죽게 한 때
③ 혈중알코올농도 0.1퍼센트 이상에서 운전한 때
④ 2회 이상 혈중알코올농도 0.05퍼센트를 넘어서 운전하거나 술에 취한 상태의 측정에 불응한 사람이 다시 혈중알코올농도 0.05퍼센트 이상에서 운전한 때

> » Advice 술에 취한 상태에서 운전한 때 취소처분 개별기준
> ㉠ 술에 취한 상태의 기준(혈중알코올농도 0.05퍼센트 이상)을 넘어서 운전을 하다가 교통사고로 사람을 죽게 하거나 다치게 한 때

56 다음 중 운전면허 취소처분에 해당하는 위반사항이 아닌 것은?

① 허위 또는 부정한 수단으로 운전면허를 받은 경우
② 자동차 등을 이용하여 범죄행위를 한 때
③ 난폭운전으로 구속된 때
④ 공동위험행위로 형사 입건된 때

> » Advice 운전면허 취소처분 개별기준
> ㉠ 교통사고로 사람을 죽게 하거나 다치게 하고, 구호조치를 하지 아니한 때
> ㉡ 술에 취한 상태에서의 운전 관련
> • 술에 취한 상태의 기준(혈중알코올농도 0.05퍼센트 이상)을 넘어서 운전을 하다가 교통사고로 사람을 죽게 하거나 다치게 한 때
> • 술에 만취한 상태(혈중알코올농도 0.1퍼센트 이상)에서 운전한 때
> • 2회 이상 술에 취한 상태의 기준을 넘어 운전하거나 술에 취한 상태의 측정에 불응한 사람이 다시 술에 취한 상태(혈중알코올농도 0.05퍼센트 이상)에서 운전한 때
> ㉢ 술에 취한 상태에서 운전하거나 술에 취한 상태에서 운전하였다고 인정할 만한 상당한 이유가 있음에도 불구하고 경찰공무원의 측정 요구에 불응한 때
> ㉣ 운전면허 대여 관련
> • 면허증 소지자가 다른 사람에게 면허증을 대여하여 운전하게 한 때
> • 면허 취득자가 다른 사람의 면허증을 대여 받거나 그 밖에 부정한 방법으로 입수한 면허증으로 운전한 때
> ㉤ 결격사유 해당 관련
> • 교통상의 위험과 장해를 일으킬 수 있는 정신질환자 또는 뇌전증환자로서 정상적인 운전을 할 수 없다고 해당 분야 전문의가 인정하는 사람
> • 앞을 보지 못하는 사람, 듣지 못하는 사람(제1종 면허에 한함)
> • 양 팔의 팔꿈치 관절 이상을 잃은 사람, 또는 양팔을 전혀 쓸 수 없는 사람. 다만, 본인의 신체장애 정도에 적합하게 제작된 자동차를 이용하여 정상적으로 운전할 수 있는 경우에는 그러하지 아니하다.
> • 다리, 머리, 척추 그 밖의 신체장애로 인하여 앉아 있을 수 없는 사람
> • 교통상의 위험과 장해를 일으킬 수 있는 마약, 대마, 향정신성 의약품 또는 알코올 중독자로서 정상적인 운전을 할 수 없다고 해당 분야 전문의가 인정하는 사람

답 » 50.③ 51.③ 52.③ 53.① 54.③ 55.① 56.④

ⓑ 약물(마약·대마·향정신성 의약품 및 환각물질)의 투약·흡연·섭취·주사 등으로 정상적인 운전을 하지 못할 염려가 있는 상태에서 자동차 등을 운전한 때

ⓢ 공동위험행위로 구속된 때

ⓞ 난폭운전으로 구속된 때

ⓩ 정기적성검사에 불합격하거나 적성검사기간 만료일 다음 날부터 적성검사를 받지 아니하고 1년을 초과한 때

ⓒ 수시적성검사에 불합격하거나 수시적성검사 기간을 초과한 때

ⓚ 운전면허 행정처분 기간 중에 운전한 때

ⓔ 허위 또는 부정한 수단으로 운전면허를 받은 경우 관련
• 허위·부정한 수단으로 운전면허를 받은 때
• 결격사유에 해당하여 운전면허를 받을 자격이 없는 사람이 운전면허를 받은 때
• 운전면허 효력의 정지기간 중에 면허증 또는 운전면허증에 갈음하는 증명서를 교부받은 사실이 드러난 때

ⓟ 「자동차관리법」에 따라 등록되지 아니하거나 임시운행 허가를 받지 아니한 자동차(이륜자동차를 제외)를 운전한 때

ⓗ 자동차 등을 이용한 범죄행위 관련
• 국가보안법을 위반한 범죄에 이용된 때
• 형법을 위반한 다음 범죄에 이용된 때
－살인, 사체유기, 방화
－강도, 강간, 강제추행
－약취·유인·감금
－상습절도(절취한 물건을 운반한 경우에 한함)
－교통방해(단체에 소속되거나 다수인에 포함되어 교통을 방해한 경우에 한함)

㉮ 운전면허를 가진 사람이 자동차 등을 훔치거나 빼앗아 이를 운전한 때

㉯ 운전면허를 가진 사람이 다른 사람을 부정하게 합격 시키기 위하여 운전면허 시험에 응시한 때

㉰ 단속하는 경찰공무원 등 및 시·군·구 공무원을 폭행하여 형사 입건된 때

㉱ 제1종 보통 및 제2종 보통면허를 받기 이전에 연습면 허의 취소사유가 있었던 때(연습면허에 대한 취소절 차 진행 중 제1종 보통 및 제2종 보통면허를 받은 경우를 포함)

57 다음 중 운전면허 취소처분에 해당하는 위반사항으로 볼 수 없는 것은?

① 자동차 등이 국가보안법을 위반한 범죄에 이용된 때

② 운전면허를 가진 사람이 자동차 등을 훔치거나 빼앗아 이를 운전한 때

③ 단속하는 경찰공무원 등 및 시·군·구 공무원과 시비가 붙었을 때

④ 정기적성검사에 불합격하거나 적성검사기간 만료일 다음 날부터 적성검사를 받지 아니하고 1년을 초과한 때

〉〉 Advice ③ 단속하는 경찰공무원 등 및 시·군·구 공무원을 폭행하여 형사 입건된 때에는 운전면허가 취소된다.

58 다음 중 벌점이 가장 높은 행위는?

① 속도위반(60km/h 초과)

② 철길건널목 통과방법위반

③ 신호·지시위반

④ 안전거리 미확보

〉〉 Advice ① 60점 ② 30점 ③ 15점 ④ 10점

※ 운전면허 정지처분 개별기준

위반사항	벌점
술에 취한 상태의 기준을 넘어서 운전한 때 (혈중알코올농도 0.05퍼센트 이상 0.1퍼센트 미만)	100
속도위반(60km/h 초과)	60
정차·주차위반에 대한 조치불응(단체에 소속되거나 다수인에 포함되어 경찰공무원의 3회 이상의 이동명령에 따르지 아니하고 교통을 방해한 경우에 한함)	40
공동위험행위로 형사입건된 때	
난폭운전으로 형사입건된 때	
안전운전의무위반(단체에 소속되거나 다수인에 포함되어 경찰공무원의 3회 이상의 안전운전 지시에 따르지 아니하고 타인에게 위험과 장해를 주는 속도나 방법으로 운전한 경우에 한함)	
승객의 차내 소란행위 방치운전	
출석기간 또는 범칙금 납부기간 만료일부터 60일이 경과될 때까지 즉결심판을 받지 아니한 때	
통행구분 위반(중앙선 침범에 한함)	30
속도위반(40km/h 초과 60km/h 이하)	
철길건널목 통과방법위반	
어린이통학버스 특별보호 위반	
어린이통학버스 운전자의 의무위반(좌석안전띠를 매도록 하지 아니한 운전자는 제외)	
고속도로·자동차전용도로 갓길통행	
고속도로 버스전용차로·다인승전용차로 통행위반	
운전면허증 등의 제시의무위반 또는 운전자 신원확인을 위한 경찰공무원의 질문에 불응	

신호 · 지시위반	
속도위반(20km/h 초과 40km/h 이하)	
속도위반(어린이보호구역 안에서 오전 8시부터 오후 8시까지 사이에 제한속도를 20km/h 이내에서 초과한 경우에 한정)	
앞지르기 금지시기 · 장소위반	
적재 제한 위반 또는 적재물 추락 방지 위반	15
운전 중 휴대용 전화 사용	
운전 중 운전자가 볼 수 있는 위치에 영상 표시	
운전 중 영상표시장치 조작	
운행기록계 미설치 자동차 운전금지 등의 위반	
통행구분 위반(보도침범, 보도 횡단방법 위반)	
지정차로 통행위반(진로변경 금지장소에서의 진로변경 포함)	
일반도로 전용차로 통행위반	
안전거리 미확보(진로변경 방법위반 포함)	
앞지르기 방법위반	
보행자 보호 불이행(정지선위반 포함)	
승객 또는 승하차자 추락방지조치위반	10
안전운전 의무 위반	
노상 시비 · 다툼 등으로 차마의 통행 방해 행위	
돌 · 유리병 · 쇳조각이나 그 밖에 도로에 있는 사람이나 차마를 손상시킬 우려가 있는 물건을 던지거나 발사하는 행위	
도로를 통행하고 있는 차마에서 밖으로 물건을 던지는 행위	

59 다음 중 승용자동차의 범칙행위와 범칙금액이 잘못 연결된 것은?

① 속도위반(60km/h 초과) – 12만원
② 신호 · 지시 위반 – 6만원
③ 횡단 · 유턴 · 후진 위반 – 3만원
④ 정차 · 주차 금지 위반 – 4만원

>> Advice ③ 횡단 · 유턴 · 후진 위반 – 6만원
※ 범칙행위 및 범칙금액

범칙행위	차량 종류별 범칙금액
• 속도위반(60km/h 초과) • 어린이통학버스 운전자의 의무 위반(좌석안전띠를 매도록 하지 않은 경우는 제외) • 어린이통학버스 운영자의 의무 위반	• 승합자동차등 : 13만원 • 승용자동차등 : 12만원 • 이륜자동차등 : 8만원
• 속도위반(40km/h 초과 60km/h 이하) • 승객의 차 안 소란행위 방치 운전 • 어린이통학버스 특별보호 위반	• 승합자동차등 : 10만원 • 승용자동차등 : 9만원 • 이륜자동차등 : 6만원
• 신호 · 지시 위반 • 중앙선 침범, 통행구분 위반 • 속도위반(20km/h 초과 40km/h 이하) • 횡단 · 유턴 · 후진 위반 • 앞지르기 방법 위반 • 앞지르기 금지 시기 · 장소 위반 • 철길건널목 통과방법 위반 • 횡단보도 보행자 횡단 방해(신호 또는 지시에 따라 도로를 횡단하는 보행자의 통행 방해를 포함한다) • 보행자전용도로 통행 위반(보행자전용도로 통행방법 위반을 포함한다) • 긴급자동차에 대한 양보 · 일시정지 위반 • 승차 인원 초과, 승객 또는 승하차자 추락 방지조치 위반 • 어린이 · 앞을 보지 못하는 사람 등의 보호 위반 • 운전 중 휴대용 전화 사용 • 운전 중 운전자가 볼 수 있는 위치에 영상 표시 • 운전 중 영상표시장치 조작 • 운행기록계 미설치 자동차 운전금지 등의 위반 • 고속도로 · 자동차전용도로 갓길 통행 • 고속도로버스전용차로 · 다인승전용차로 통행 위반	• 승합자동차등 : 7만원 • 승용자동차등 : 6만원 • 이륜자동차등 : 4만원 • 자전거등 : 3만원

답 >> 57.③ 58.① 59.③

위반 내용	범칙금

• 통행 금지 · 제한 위반
• 일반도로 전용차로 통행 위반
• 고속도로 · 자동차전용도로 안전
  거리 미확보
• 앞지르기의 방해 금지 위반
• 교차로 통행방법 위반
• 교차로에서의 양보운전 위반
• 보행자의 통행 방해 또는 보호
  불이행
• 정차 · 주차 금지 위반
• 주차금지 위반
• 정차 · 주차방법 위반
• 정차 · 주차 위반에 대한 조치 불응
• 적재 제한 위반, 적재물 추락
  방지 위반 또는 영유아나 동물
  을 안고 운전하는 행위
• 안전운전의무 위반
• 도로에서의 시비 · 다툼 등으로
  인한 차마의 통행 방해 행위
• 급발진, 급가속, 엔진 공회전
  또는 반복적 · 연속적인 경음기
  울림으로 인한 소음 발생 행위
• 화물 적재함에의 승객 탑승 운
  행 행위
• 고속도로 지정차로 통행 위반
• 고속도로 · 자동차전용도로 횡단 ·
  유턴 · 후진 위반
• 고속도로 · 자동차전용도로 정차 ·
  주차 금지 위반
• 고속도로 진입 위반
• 고속도로 · 자동차전용도로에서
  의 고장 등의 경우 조치 불이행
	• 승합자동차등
	  : 5만원
	• 승용자동차등
	  : 4만원
	• 이륜자동차등
	  : 3만원
	• 자전거등 : 2
	  만원

• 혼잡 완화조치 위반
• 지정차로 통행 위반, 차로 너비
  보다 넓은 차 통행 금지 위반(진
  로 변경 금지 장소에서의 진로
  변경을 포함한다)
• 속도위반(20km/h 이하)
• 진로 변경방법 위반
• 급제동 금지 위반
• 끼어들기 금지 위반
• 서행의무 위반
• 일시정지 위반
• 방향전환 · 진로변경 시 신호 불
  이행
• 운전석 이탈 시 안전 확보 불이행
• 동승자 등의 안전을 위한 조치
  위반
• 지방경찰청 지정 · 공고 사항 위반
• 좌석안전띠 미착용
• 이륜자동차 · 원동기장치자전거
  인명보호 장구 미착용
• 어린이통학버스와 비슷한 도색 ·
  표지 금지 위반
	• 승합자동차등
	  : 3만원
	• 승용자동차등
	  : 3만원
	• 이륜자동차등
	  : 2만원
	• 자전거등 : 1
	  만원

위반 내용	범칙금

• 최저속도 위반
• 일반도로 안전거리 미확보
• 등화 점등 · 조작 불이행(안개가
  끼거나 비 또는 눈이 올 때는 제외)
• 불법부착장치 차 운전(교통단속
  용 장비의 기능을 방해하는 장
  치를 한 차의 운전은 제외)
• 택시의 합승(장기 주차 · 정차하여
  승객을 유치하는 경우로 한정) ·
  승차거부 · 부당요금징수행위
• 운전이 금지된 위험한 자전거의
  운전
	• 승합자동차등
	  : 2만원
	• 승용자동차등
	  : 2만원
	• 이륜자동차등
	  : 1만원
	• 자 전 거 등 : 1
	  만원

• 돌, 유리병, 쇳조각, 그 밖에 도
  로에 있는 사람이나 차마를 손상
  시킬 우려가 있는 물건을 던지거
  나 발사하는 행위
• 도로를 통행하고 있는 차마에서
  밖으로 물건을 던지는 행위
	모든 차마 :
	5만원

• 특별교통안전교육의 미이수
  -과거 5년 이내에 법을 1회 이상
  위반하였던 사람으로서 다시 같
  은 행위를 위반하여 운전면허효력
  정지처분을 받게 되거나 받은
  사람이 그 처분기간이 끝나기
  전에 특별교통안전교육을 받지
  않은 경우
  -그 외의 경우
	차종 구분 없음
	-6만원
	
	-4만원

• 경찰관의 실효된 면허증 회수에 대한 거부 또는 방해	차종 구분 없음 : 3만원

60 1명이 사망하고 중상 1명, 경상 2명인 사고의 결과에
따른 벌점은?

① 100점 ② 105점

③ 110점 ④ 115점

> Advice 사망 1명(90점)＋중상 1명(15점)＋경상 2명(5점×2)＝115점

※ 사고결과에 따른 벌점기준

구분		벌점	내용
인적 피해 교통 사고	사망 1명마다	90	사고발생 시부터 72시간 이내에 사망한 때
	중상 1명마다	15	3주 이상의 치료를 요하는 의사의 진단이 있는 사고
	경상 1명마다	5	3주 미만 5일 이상의 치 료를 요하는 의사의 진단 이 있는 사고
	부상신고 1명마다	2	5일 미만의 치료를 요하는 의사의 진단이 있는 사고

61 다음 중 교통사고로 처리되지 않는 경우가 아닌 것은?

① 명백한 자살이라고 인정되는 경우

② 건조물 등이 떨어져 운전자 또는 동승자가 사상한 경우

③ 운전 중 실수로 인해 타인을 사상하거나 물건을 손괴한 경우

④ 사람이 육교에서 추락하여 운행 중인 차량과 충돌 또는 접촉하여 사상한 경우

》**Advice** 교통사고로 처리되지 않는 경우
  ㉠ 명백한 자살이라고 인정되는 경우
  ㉡ 확정적인 고의 범죄에 의해 타인을 사상하거나 물건을 손괴한 경우
  ㉢ 건조물 등이 떨어져 운전자 또는 동승자가 사상한 경우
  ㉣ 축대 등이 무너져 도로를 진행 중인 차량이 손괴되는 경우
  ㉤ 사람이 건물, 육교 등에서 추락하여 운행 중인 차량과 충돌 또는 접촉하여 사상한 경우

62 다음 중 「교통사고처리특례법」에 따라 사고운전자가 형사처벌의 대상이 되는 경우로 가장 거리가 먼 것은?

① 차의 운전자가 교통사고로 인하여 업무상 과실 또는 중대한 과실로 인하여 사람을 사망에 이르게 하는 죄를 범한 경우

② 차의 운전자가 업무상 필요한 주의를 게을리하거나 중대한 과실로 다른 사람의 건조물이나 그 밖의 재물을 손괴한 경우

③ 차의 운전자가 업무상과실치상죄 또는 중과실치상죄를 범하고도 피해자를 구호하는 등의 조치를 하지 아니하고 도주한 경우

④ 차의 운전자가 업무상과실치상죄 또는 중과실치상죄를 범하고 음주측정 요구에 따르지 아니한 경우(운전자가 채혈 측정을 요청하거나 동의한 경우는 제외)

》**Advice** ② 차의 교통으로 업무상과실치상죄 또는 중과실치상죄와 차의 운전자가 업무상 필요한 주의를 게을리하거나 중대한 과실로 다른 사람의 건조물이나 그 밖의 재물을 손괴하는 죄를 범한 운전자에 대하여는 피해자의 명시적인 의사에 반하여 공소를 제기할 수 없다.

63 사고운전자 가중처벌에 대한 설명으로 옳지 않은 것은?

① 사고운전자가 피해자를 구호하는 등의 조치를 하지 아니하고 도주하여 피해자가 사망한 경우에는 사형, 무기 또는 5년 이상의 징역에 처한다.

② 사고운전자가 피해자를 구호하는 등의 조치를 하지 아니하고 도주하여 피해자를 상해에 이르게 한 경우에는 1년 이상의 유기징역 또는 500만 원 이상 3천만 원 이하의 벌금에 처한다.

③ 사고운전자가 피해자를 사망에 이르게 하고 사고 장소로부터 옮겨 유기하고 도주한 경우에는 사형, 무기 또는 5년 이상의 징역에 처한다.

④ 사고운전자가 피해자를 상해에 이르게 하고 사고 장소로부터 옮겨 유기하고 도주한 경우에는 3년 이상의 유기징역에 처한다.

》**Advice** 도주차량 운전자의 가중처벌〈특정범죄 가중처벌 등에 관한 법률 제5조의3〉
  ㉠ 「도로교통법」에 규정된 자동차·원동기장치자전거의 교통으로 인하여 업무상과실·중과실 치사상의 죄를 범한 해당 차량의 운전자가 피해자를 구호하는 등 「도로교통법」에 따른 조치를 하지 아니하고 도주한 경우에는 다음의 구분에 따라 가중처벌한다.
   • 피해자를 사망에 이르게 하고 도주하거나, 도주 후에 피해자가 사망한 경우에는 무기 또는 5년 이상의 징역에 처한다.
   • 피해자를 상해에 이르게 한 경우에는 1년 이상의 유기징역 또는 500만 원 이상 3천만 원 이하의 벌금에 처한다.
  ㉡ 사고운전자가 피해자를 사고 장소로부터 옮겨 유기하고 도주한 경우에는 다음의 구분에 따라 가중처벌한다.
   • 피해자를 사망에 이르게 하고 도주하거나, 도주 후에 피해자가 사망한 경우에는 사형, 무기 또는 5년 이상의 징역에 처한다.
   • 피해자를 상해에 이르게 한 경우에는 3년 이상의 유기징역에 처한다.

64 정상 날씨 제한속도가 90km/h인 도로의 노면이 얼어붙은 경우 감속운행속도는?

① 30km/h   ② 35km/h

③ 40km/h   ④ 45km/h

》**Advice** 폭우·폭설·안개 등으로 가시거리가 100m 이내이거나, 노면이 얼어붙은 경우, 눈이 20mm 이상 쌓인 경우 최고 속도의 100분의 50을 줄인 속도로 운행하여야 한다.
  $\therefore 90 \times \dfrac{50}{100} = 45$

65 다음 중 도주(뺑소니) 사고인 경우는?

① 피해자가 부상사실이 없거나 극히 경미하여 구호 조치가 필요하지 않아 연락처를 제공하고 떠난 경우

② 사고운전자가 심한 부상을 입어 타인에게 의뢰하여 피해자를 후송 조치한 경우

③ 사고운전자가 급한 용무로 인해 동료에게 사고처리를 위임하고 가버린 후 동료가 사고 처리한 경우

④ 피해자가 병원까지만 후송하고 계속 치료를 받을 수 있는 조치 없이 가버린 경우

> **Advice** 도주(뺑소니) 사고
  ㉠ 피해자 사상 사실을 인식하거나 예견됨에도 가버린 경우
  ㉡ 피해자를 사고현장에 방치한 채 가버린 경우
  ㉢ 현장에 도착한 경찰관에게 거짓으로 진술한 경우
  ㉣ 사고운전자를 바꿔치기 하여 신고한 경우
  ㉤ 사고운전자가 연락처를 거짓으로 알려준 경우
  ㉥ 피해자가 이미 사망하였다고 사체 안치 후송 등의 조치 없이 가버린 경우
  ㉦ 피해자가 병원까지만 후송하고 계속 치료를 받을 수 있는 조치 없이 가버린 경우
  ㉧ 쌍방 업무상 과실이 있는 경우에 발생한 사고로 과실이 적은 차량이 도주한 경우
  ㉨ 자신의 의사를 제대로 표시하지 못하는 나이 어린 피해자가 '괜찮다'라고 하여 조치 없이 가버린 경우

66 신호위반 사고 사례로 거리가 먼 것은?

① 신호가 변경되기 전에 출발하여 인적피해를 야기한 경우

② 황색 주의신호에 교차로에 진입하여 인적피해를 야기한 경우

③ 자동차통행금지를 위반하여 인적피해를 야기한 경우

④ 적색 차량신호에 진행하다 정지선과 횡단보도 사이에서 보행자를 충격한 경우

> **Advice** ③ 자동차통행금지를 위반하여 사고를 일으킨 것은 지시위반 사고 사례에 해당한다.

67 다음 중 중앙선침범을 적용할 수 없는 경우는?

① 커브 길에서 과속으로 인한 중앙선침범의 경우

② 빗길에서 과속으로 인한 중앙선침범의 경우

③ 졸다가 뒤늦은 제동으로 중앙선을 침범한 경우

④ 위험을 회피하기 위해 중앙선을 침범한 경우

> **Advice** 중앙선침범을 적용할 수 없는 경우
  ㉠ 사고를 피하기 위해 급제동하다 중앙선을 침범한 경우
  ㉡ 위험을 회피하기 위하여 중앙선을 침범한 경우
  ㉢ 빙판길 또는 빗길에서 미끄러져 중앙선을 침범한 경우(제한속도 준수)

68 다음은 속도에 대한 정의이다. 옳지 않은 것은?

① 규제속도 : 법정속도와 제한속도

② 설계속도 : 도로설계의 기초가 되는 자동차의 속도

③ 주행속도 : 정지시간을 포함한 주행거리의 평균 주행속도

④ 속도제한 : 달리는 차량의 속도에 일정한 한계를 정하는 일

> **Advice** ③ 주행속도는 정지시간을 제외한 실제 주행거리의 평균 주행속도이다. 정지시간을 포함한 주행거리의 평균 주행속도는 구간속도라고 한다.

69 60km/h를 초과한 과속사고를 낸 승용자동차 운전자가 받을 행정처분은?

① 범칙금 12만원, 벌점 60점

② 범칙금 9만원, 벌점 30점

③ 범칙금 6만원, 벌점 15점

④ 범칙금 3만원

> **Advice** 과속사고에 따른 행정처분

항목	승용자동차의 범칙금			
	60km/h 초과	40km/h 초과 60km/h 이하	20km/h 초과 40km/h 이하	20km/h 이하
범칙금	12만원	9만원	6만원	3만원
벌점	60점	30점	15점	−

70 다음 중 벌점이 가장 높은 행위는?

① 중앙선침범으로 인한 사고
② 60km/h 초과의 과속사고
③ 앞지르기 방법위반 사고
④ 철길건널목 통과방법위반 사고

》**Advice** ① 30점 ② 60점 ③ 10점 ④ 30점

71 다음 중 횡단보도 보행자로 인정되지 않는 사람은?

① 횡단보도를 걸어가는 사람
② 횡단보도 내에서 교통정리를 하고 있는 사람
③ 세발자전거를 타고 횡단보도를 건너는 어린이
④ 손수레를 끌고 횡단보도를 건너는 사람

》**Advice** 횡단보도 보행자가 아닌 경우
　　㉠ 횡단보도에서 원동기장치자전거나 자전거를 타고 가는 사람
　　㉡ 횡단보도에 누워 있거나, 앉아 있거나, 엎드려 있는 사람
　　㉢ 횡단보도 내에서 교통정리를 하고 있는 사람
　　㉣ 횡단보도 내에서 택시를 잡고 있는 사람
　　㉤ 횡단보도 내에서 화물 하역작업을 하고 있는 사람
　　㉥ 보도에 서 있다가 횡단보도 내로 넘어진 사람

72 다음 중 보행자 보호의무위반 사고의 성립요건에서 운전자과실의 예외사항인 것은?

① 횡단보도를 건너고 있는 보행자를 충돌한 경우
② 횡단보도 전에 정지한 차량을 추돌하여 추돌된 차량이 밀려나가 보행자를 충돌한 경우
③ 적색등화에 횡단보도를 진입하여 건너고 있는 보행자를 충돌한 경우
④ 보행신호가 녹색등화일 때 횡단보도를 진입하여 건너고 있는 보행자를 보행신호가 녹색등화의 점멸 또는 적색등화로 변경된 상태에서 충돌한 경우

》**Advice** 보행자 보호의무위반 사고 성립요건 중 운전자과실 예외사항
　　㉠ 적색등화에 횡단보도를 진입하여 건너고 있는 보행자를 충돌한 경우
　　㉡ 횡단보도를 건너다가 신호가 변경되어 중앙선에 서 있는 보행자를 충돌한 경우
　　㉢ 횡단보도를 건너고 있을 때 보행신호가 적색등화로 변경되어 되돌아가고 있는 보행자를 충돌한 경우
　　㉣ 녹색등화가 점멸되고 있는 횡단보도를 진입하여 건너고 있는 보행자를 적색등화에 충돌한 경우

73 다음 중 무면허 운전이 아닌 것은?

① 운전면허 적성검사기간 만료일로부터 1년간의 취소유예기간이 지난 면허증으로 운전하는 행위
② 운전면허 취소처분을 받은 후에 운전하는 행위
③ 제1종 대형면허로 특수면허가 필요한 자동차를 운전하는 행위
④ 제1종 운전면허로 제2종 운전면허를 필요로 하는 자동차를 운전하는 행위

》**Advice** 무면허 운전의 유형
　　㉠ 운전면허를 취득하지 않고 운전하는 행위
　　㉡ 운전면허 적성검사기간 만료일로부터 1년간의 취소유예기간이 지난 면허증으로 운전하는 행위
　　㉢ 운전면허 취소처분을 받은 후에 운전하는 행위
　　㉣ 운전면허 정지 기간 중에 운전하는 행위
　　㉤ 제2종 운전면허로 제1종 운전면허를 필요로 하는 자동차를 운전하는 행위
　　㉥ 제1종 대형면허로 특수면허가 필요한 자동차를 운전하는 행위
　　㉦ 운전면허시험에 합격한 후 운전면허증을 발급받기 전에 운전하는 행위

74 교통사고 처리와 관련된 용어 정의로 잘못된 것은?

① 대형사고 : 5명 이상이 사망(교통사고 발생일로부터 30일 이내)하거나 30명 이상의 사상자가 발생한 사고
② 스키드 마크 : 차의 급제동으로 인하여 타이어의 회전이 정지된 상태에서 노면에 미끄러져 생긴 타이머 마모흔적 또는 활주흔적
③ 추돌 : 2대 이상의 차가 동일방향으로 주행 중 뒤차가 앞차의 후면을 충격한 것
④ 전도 : 차가 주행 중 도로 또는 도로 이외의 장소에 차체의 측면이 지면에 접하고 있는 상태

》**Advice** ① 대형사고는 3명 이상이 사망(교통사고 발생일로부터 30일 이내)하거나 20명 이상의 사상자가 발생한 사고이다.

답》 65.④ 66.③ 67.④ 68.③ 69.① 70.② 71.② 72.③ 73.④ 74.①

여객자동차 운수사업법규 및 택시운송사업의 발전에 관한 법규

1 「여객자동차 운수사업법」의 목적이 아닌 것은?

① 여객자동차 운수사업에 관한 질서 확립
② 여객의 원활한 운송
③ 여객자동차 운수사업의 단기적이고 즉각적인 발달 도모
④ 공공복리의 증진

> **Advice** 「여객자동차 운수사업법」의 목적〈여객자동차 운수사업법 제1조〉…이 법은 여객자동차 운수사업에 관한 질서를 확립하고 여객의 원활한 운송과 여객자동차 운수사업의 종합적인 발달을 도모하여 공공복리를 증진하는 것을 목적으로 한다.

2 다음 중 용어에 대한 설명이 잘못된 것은?

① 여객자동차운수사업 : 다른 사람의 수요에 응하여 자동차를 사용하여 유상으로 여객을 운송하는 사업
② 자동차대여사업 : 다른 사람의 수요에 응하여 유상으로 자동차를 대여하는 사업
③ 여객자동차터미널 : 도로의 노면, 그 밖에 일반교통에 사용되는 장소가 아닌 곳으로서 승합자동차를 정류시키거나 여객을 승하차시키기 위하여 법에 따라 설치된 시설과 장소
④ 운행계통 : 노선의 기점·종점과 그 기점·종점 간의 운행경로·운행거리·운행횟수 및 운행대수를 총칭한 것

> **Advice** ① 다른 사람의 수요에 응하여 자동차를 사용하여 유상으로 여객을 운송하는 사업은 '여객자동차운수사업'이다. '여객자동차운수사업'이란, 여객자동차운송사업, 자동차대여사업, 여객자동차터미널사업 및 여객자동차운송가맹사업을 말한다.

3 다음 중 운수종사자가 운전업무를 시작하기 전에 받아야 하는 교육이 아닌 것은?

① 도로교통 관계 법령
② 서비스의 자세 및 운송질서의 확립
③ 여객자동차 운수사업에 대한 정부 계획
④ 응급처치의 방법

> **Advice** 운수종사자의 교육 등〈여객자동차 운수사업법 제25조 제1항〉
> ㉠ 여객자동차 운수사업 관계 법령 및 도로교통 관계 법령
> ㉡ 서비스의 자세 및 운송질서의 확립
> ㉢ 교통안전수칙
> ㉣ 응급처치의 방법
> ㉤ 그 밖에 운전업무에 필요한 사항

4 다음 중 운수종사자가 하여서는 안 되는 준수 사항에 대한 설명으로 옳지 않은 것은?

① 정당한 사유 없이 여객의 승차를 거부하거나 여객을 중도에서 내리게 해서는 안 된다.
② 부당한 운임 또는 요금을 받아서는 안 된다.
③ 승하차할 여객이 없더라도 정차하지 아니하고 정류소를 지나쳐서는 안 된다.
④ 문을 완전히 닫지 아니한 상태에서 자동차를 출발시켜서는 안 된다.

> **Advice** 운수종사자의 준수 사항〈여객자동차 운수사업법 제26조 제1항〉… 운수종사자는 다음의 어느 하나에 해당하는 행위를 하여서는 아니 된다.
> ㉠ 정당한 사유 없이 여객의 승차를 거부하거나 여객을 중도에서 내리게 하는 행위
> ㉡ 부당한 운임 또는 요금을 받는 행위
> ㉢ 일정한 장소에 오랜 시간 정차하여 여객을 유치하는 행위
> ㉣ 문을 완전히 닫지 아니한 상태에서 자동차를 출발시키거나 운행하는 행위
> ㉤ 여객이 승하차하기 전에 자동차를 출발시키거나 승하차할 여객이 있는데도 정차하지 아니하고 정류소를 지나치는 행위

ⓗ 안내방송을 하지 아니하는 행위(국토교통부령으로 정하는 자동차 안내방송 시설이 설치되어 있는 경우)
ⓢ 여객자동차운송사업용 자동차 안에서 흡연하는 행위

5 다음 설명 중 옳지 않은 것은?

① 일반택시운송사업은 운행계통을 정하고 국토교통부령으로 정하는 사업구역에서 1개의 운송계약에 따라 국토교통부령으로 정하는 자동차를 사용하여 여객을 운송하는 사업을 말한다.
② 개인택시운송사업은 운행계통을 정하지 아니하고 국토교통부령으로 정하는 사업구역에서 1개의 운송계약에 따라 국토교통부령으로 정하는 자동차 1대를 사업자가 직접 운전하여 여객을 운송하는 사업을 말한다.
③ 택시운송사업면허란 택시운송사업을 경영하기 위하여 「여객자동차 운수사업법」에 따라 받은 면허를 말한다.
④ 택시운송사업자란 택시운송사업면허를 받아 택시운송사업을 경영하는 자를 말한다.

>> **Advice** ① 일반택시운송사업은 운행계통을 정하지 아니하고 국토교통부령으로 정하는 사업구역에서 1개의 운송계약에 따라 국토교통부령으로 정하는 자동차를 사용하여 여객을 운송하는 사업을 말한다.

6 다음 중 여객자동차운송사업의 종류로 볼 수 없는 것은?

① 노선 여객자동차운송사업
② 구역 여객자동차운송사업
③ 수요응답형 여객자동차운송사업
④ 가격경쟁형 여객자동차운송사업

>> **Advice** 여객자동차운송사업의 종류
ⓖ **노선 여객자동차운송사업**: 자동차를 정기적으로 운행하려는 구간(노선)을 정하여 여객을 운송하는 사업
ⓛ **구역 여객자동차운송사업**: 사업구역을 정하여 그 사업구역 안에서 여객을 운송하는 사업
ⓒ **수요응답형 여객자동차운송사업**: 농업·농촌 및 식품산업 기본법에 따른 농촌과 수산업·어촌 발전 기본법에 따른 어촌을 기점 또는 종점으로 하고, 운행계통·운행시간·운행횟수를 여객의 요청에 따라 탄력적으로 운영하여 여객을 운송하는 사업

7 다음 중 구역 여객자동차운송사업에 해당하지 않는 것은?

① 전세버스운송사업
② 일반택시운송사업
③ 개인택시운송사업
④ 시내버스운송사업

>> **Advice** ④ 노선 여객자동차운송사업에 해당한다.

8 운행계통을 정하지 아니하고 국토교통부령으로 정하는 사업구역에서 1개의 운송계약에 따라 국토교통부령으로 정하는 자동차를 사용하여 여객을 운송하는 사업을 무엇이라 하는가?

① 개인택시운송사업
② 일반택시운송사업
③ 특수택시운송사업
④ 전세택시운송사업

>> **Advice** 일반택시운송사업 … 운행계통을 정하지 아니하고 국토교통부령으로 정하는 사업구역에서 1개의 운송계약에 따라 국토교통부령으로 정하는 자동차를 사용하여 여객을 운송하는 사업. 이 경우 국토교통부령으로 정하는 바에 따라 경형·소형·중형·대형·모범형 및 고급형 등으로 구분한다.

9 택시운송사업의 구분에 해당하지 않는 것은?

① 경형　　　② 벤형
③ 모범형　　④ 고급형

>> **Advice** 택시운송사업의 구분
ⓖ 경형
ⓛ 소형
ⓒ 중형
ⓔ 대형
ⓜ 모범형
ⓗ 고급형

10 다음 중 배기량 1,600cc 이상의 승용자동차를 사용하는 택시운송사업은?

① 경형　　　　② 소형
③ 중형　　　　④ 대형

11 택시운송사업의 사업구역으로 볼 수 없는 것은?

① 특별시　　　　② 광역시
③ 읍·면　　　　④ 시·군

12 택시운송사업자가 사업구역에서 하는 영업으로 볼 수 없는 것은?

① 해당 사업구역에서 승객을 태우고 사업구역 내를 운행하는 영업
② 해당 사업구역에서 승객을 태우고 사업구역 밖으로 운행하는 영업
③ 해당 사업구역에서 승객을 태우고 사업구역 밖으로 운행한 후 해당 사업구역 밖에서 승객을 태우고 운행하는 영업
④ 해당 사업구역에서 승객을 태우고 사업구역 밖으로 운행한 후 해당 사업구역으로 돌아오는 도중에 사업구역 밖에서 승객을 태우고 해당 사업구역에서 내리는 일시적인 영업

13 택시운송사업용 자동차에 표시하여야 하는 사항이 아닌 것은?

① 자동차의 종류
② 관할관청
③ 여객자동차운송가맹사업자 상호
④ 호출번호

14 운송사업자가 천재지변이나 교통사고 등으로 여객이 죽거나 다칠 경우 취하여야 할 조치사항으로 볼 수 없는 것은?

① 신속한 응급수송수단의 마련
② 유류품의 폐기
③ 가족이나 그 밖의 연고자에 대한 신속한 통지
④ 사상자의 보호 등 필요한 조치

15 다음 중 국토교통부장관에게 보고하여야 하는 중대한 교통사고로 볼 수 없는 것은?

① 전복 사고
② 화재가 발생한 사고
③ 사망자 2명 이상의 사고
④ 중상자 2명 이상의 사고

》 **Advice** 운송사업자는 그 사업용 자동차에 다음의 어느 하나에 해당하는 사고(중대한 교통사고)가 발생한 경우 국토교통부령으로 정하는 바에 따라 지체 없이 국토교통부장관 또는 시·도지사에게 보고하여야 한다.
ⓐ 전복(顚覆) 사고
ⓑ 화재가 발생한 사고
ⓒ 대통령령으로 정하는 수(數) 이상의 사람이 죽거나 다친 사고
• 사망자 2명 이상
• 사망자 1명과 중상자 3명 이상
• 중상자 6명 이상

16 운송사업자가 중대한 교통사고가 발생하였을 경우 몇 시간 이내에 사고의 일시·장소 및 피해사항 등 사고의 상황을 관할 시·도지사에게 보고하여야 하는가?

① 12시간   ② 24시간
③ 48시간   ④ 72시간

》 **Advice** 운송사업자는 중대한 교통사고가 발생하였을 때에는 24시간 이내에 사고의 일시·장소 및 피해사항 등 사고의 개략적인 상황을 관할 시·도지사에게 보고한 후 72시간 이내에 사고보고서를 작성하여 관할 시·도지사에게 제출하여야 한다. 다만, 개인택시운송사업자의 경우에는 개략적인 상황보고를 생략할 수 있다.

17 사업용 택시운전자의 자격요건으로 옳지 않은 것은?

① 제2종 보통 운전면허 이상을 소유하여야 한다.
② 18세 이상으로 운전경력이 1년 이상이어야 한다.
③ 운전적성에 대한 정밀검사기준에 적합하여야 한다.
④ 사업용 자동차를 운전하기에 적합한 운전면허를 보유하여야 한다.

》 **Advice** 20세 이상으로 운전경력이 1년 이상이어야 한다.

18 다음 중 운전자격을 취득할 수 있는 사람은?

① 특정강력범죄의 처벌에 관한 특례법에 따른 살인죄를 범하여 실형을 선고받고 그 집행이 면제된 날부터 2년이 지나지 아니한 사람
② 특정범죄 가중처벌 등에 관한 법률상 약취·유인죄의 가중처벌에 따른 죄를 범하여 실형을 선고받고 그 집행이 면제된 날부터 2년이 지나지 아니한 사람
③ 마약류 관리에 관한 법률에 따른 죄를 범하여 실형을 선고 받고 그 집해이 면제된 날부터 1년이 지난 사람
④ 자격시험 공고일 전 5년간 도로교통법에 따른 음주운전을 2회 이상 위반한 사람

》 **Advice** 여객자동차운송사업의 운전자격을 취득하려는 사람이 다음의 어느 하나에 해당하는 경우 자격을 취득할 수 없다.
ⓐ 다음의 어느 하나에 해당하는 죄를 범하여 금고 이상의 실형을 선고받고 그 집행이 끝나거나(집행이 끝난 것으로 보는 경우를 포함) 면제된 날부터 2년이 지나지 아니한 사람
• 특정강력범죄의 처벌에 관한 특례법상 살인·존속살해, 위계 등에 의한 촉탁살인 및 미수범, 약취, 유인 및 인신매매의 죄, 강간 등 상해·치상, 강간 등 살인·치사 및 흉기나 그 밖의 위험한 물건을 휴대하거나 2명 이상이 합동하여 범한 강간, 유사강간, 강제추행, 준강간·준강제추행, 미수범 및 미성년자에 대한 간음, 추행의 죄, 강도, 특수강도, 준강도, 인질강도, 강도상해·치상, 강도살인·치사, 강도강간, 해상강도, 상습범 및 미수범의 죄 등
• 특정범죄 가중처벌 등에 관한 법률상 약취·유인죄의 가중처벌, 도주차량 운전자의 가중처벌, 상습 강도·절도죄 등의 가중처벌, 강도상해 등 재범자의 가중처벌, 보복범죄의 가중처벌, 마약사범 등의 가중처벌에 따른 죄
• 마약류 관리에 관한 법률에 따른 죄
• 형법상 상습범 또는 그 미수죄
ⓑ ⓐ의 어느 하나에 해당하는 죄를 범하여 금고 이상의 형의 집행유예를 선고받고 그 집행유예기간 중에 있는 사람
ⓒ ⓑ에 따른 자격시험 공고일 전 5년간 도로교통법상 음주운전을 3회 이상 위반한 사람

19 택시운전자격시험의 시험과목이 아닌 것은?

① 교통 및 여객자동차운수사업 법규
② 응급조치 요령
③ 운송서비스
④ 지리

20 다음 중 택시운전자격시험의 과목 중 안전운행과 운송서비스 과목을 면제받을 수 없는 자는?

① 택시운전자격을 취득한 자가 택시운전자격증명을 발급한 일반택시운송사업조합의 관할구역 밖의 지역에서 택시운전업무에 종사하려고 운전자격시험에 다시 응시하는 자
② 운전자격시험일부터 계산하여 과거 4년간 사업용 자동차를 3년 이상 무사고로 운전한 자
③ 무사고운전자 또는 유공운전자의 표시장을 받은 자
④ 운전자격시험일부터 계산하여 과거 3년간 개인용 자동차를 2년 이상 무사고로 운전한 자

21 운전업무를 시작하기 전 운수종사자가 받아야 하는 교육내용으로 보기 어려운 것은?

① 서비스의 자세 및 운송질서의 확립
② 교통안전수칙
③ 응급처치의 방법
④ 도로교통사고감정 방법

22 다음 중 택시운전자격증을 타인에게 대여한 경우 처분기준으로 적합한 것은?

① 자격정지 30일
② 자격정지 60일
③ 자격취소
④ 자격정치 10일

23 운수종사자가 차량 출발 전 좌석안전띠를 착용하도록 안내하지 않은 경우 처벌기준은?

① 1회 위반시 3만원의 과태료가 부과된다.
② 1회 위반시 5만원의 과태료가 부과된다.
③ 1회 위반시 10만원의 과태료가 부과된다.
④ 1회 위반시 20만원의 과태료가 부과된다.

24 미터기를 부착하지 아니하거나 사용하지 아니하여 여객을 운송한 경우 과징금은 얼마인가?

① 20만원　　　　② 40만원
③ 60만원　　　　④ 180만원

25 다음 중 배기량 2,400cc 미만의 일반택시의 차령으로 옳은 것은?

① 4년 ② 5년

③ 6년 ④ 7년

> **Advice** 사업용 자동차의 차령

차종	차의 구분	차령
개인택시	경형 · 소형	5년
	배기량 2,400cc 미만	7년
	배기량 2,400cc 이상	9년
일반택시	경형 · 소형	3년 6개월
	배기량 2,400cc 미만	4년
	배기량 2,400cc 이상	6년

26 「택시운송사업의 발전에 관한 법률」의 목적으로 볼 수 없는 것은?

① 택시운송사업의 건전한 발전을 도모

② 택시운수종사자의 복지 증진

③ 화물의 원활한 운송을 도모

④ 국민의 교통편의 제고에 이바지

> **Advice** 「택시운송사업의 발전에 관한 법률」의 목적은 택시운송사업의 발전에 관한 사항을 규정함으로써 택시운송사업의 건전한 발전을 도모하여 택시운수종사자의 복지 증진과 국민의 교통편의 제고에 이바지함을 목적으로 한다.

27 운전업무 종사자격을 갖추고 택시운송사업의 운전업무에 종사하는 사람을 이르는 말은?

① 택시운송사업자

② 택시운수종사자

③ 택시공영차고지

④ 택시운송사업

> **Advice** 택시운수종사자란 여객자동차 운수사업법에 따른 운전업무 종사자격을 갖추고 택시운송사업의 운전업무에 종사하는 사람을 말한다.

28 택시운송사업 및 택시운수종사자에 관하여 「택시운송사업의 발전에 관한 법률」에서 정한 사항 외에는 어느 법의 규정을 준용하는가?

① 화물자동차 운수사업법

② 여객자동차 운수사업법

③ 도로교통법

④ 도로법

> **Advice** 「택시운송사업의 발전에 관한 법률」은 택시운송사업에 관하여 다른 법률에 우선하여 적용하며, 택시운송사업 및 택시운수종사자에 관하여 이 법에서 정한 사항 외에는 여객자동차 운수사업법에 따른다.

29 다음 중 택시운송사업면허를 받을 수 있는 사업구역은?

① 국토교통부장관이 사업구역별 택시 총량의 재산정을 요구한 사업구역

② 고시된 사업구역별 택시 총량보다 해당 사업구역 내의 택시의 대수가 많은 사업구역

③ 연도별 감차 규모를 초과하여 감차 실적을 달성한 사업구역

④ 사업구역별 택시 총량을 산정하지 아니한 사업구역

> **Advice** 다음의 사업구역에서는 여객자동차 운수사업법에도 불구하고 누구든지 신규 택시운송사업면허를 받을 수 없다.
> ㉠ 사업구역별 택시 총량을 산정하지 아니한 사업구역
> ㉡ 국토교통부장관이 사업구역별 택시 총량의 재산정을 요구한 사업구역
> ㉢ 고시된 사업구역별 택시 총량보다 해당 사업구역 내의 택시의 대수가 많은 사업구역. 다만, 해당 사업구역이 연도별 감차 규모를 초과하여 감차 실적을 달성한 경우 그 초과분의 범위에서 관할 지방자치단체의 조례로 정하는 바에 따라 신규 택시운송사업면허를 받을 수 있다.

30 택시운수종사자의 준수사항으로 보기 어려운 것은?

① 정당한 사유 없이 여객의 승차를 거부하는 행위
② 부당한 운임 또는 요금을 받는 행위
③ 여객을 탑승하도록 하는 행위
④ 여객의 요구에도 불구하고 영수증 발급에 응하지
　아니하는 행위

> **Advice** 택시운수종사자의 준수사항
　　⊙ 정당한 사유 없이 여객의 승차를 거부하거나 여객을
　　　중도에서 내리게 하는 행위
　　⊙ 부당한 운임 또는 요금을 받는 행위
　　⊙ 여객을 합승하도록 하는 행위
　　⊙ 여객의 요구에도 불구하고 영수증 발급 또는 신용카
　　　드결제에 응하지 아니하는 행위(영수증발급기 및 신
　　　용카드결제기가 설치되어 있는 경우에 한정)

31 택시운수종사자가 준수사항을 위반한 경우 운전업무
종사자격을 취소하거나 몇 개월 이내의 기간을 정하
여 자격을 정지시키는가?

① 3개월
② 5개월
③ 6개월
④ 9개월

> **Advice** 국토교통부장관은 택시운수종사자가 준수사항을 위반하
면 여객자동차 운수사업법에 따른 운전업무 종사자격을
취소하거나 6개월 이내의 기간을 정하여 그 자격의 효력
을 정지시킬 수 있다.

32 정당한 사유 없이 여객의 승차를 거부하거나 여객을
중도에서 내리게 하는 행위를 한 경우 그 처분기준
으로 적절하지 못한 것은?

① 1차 위반 – 경고
② 1차 위반 – 자격정지 5일
③ 2차 위반 – 자격정지 30일
④ 3차 위반 – 자격취소

> **Advice** 정당한 사유 없이 여객의 승차를 거부하거나 여객을 중
도에서 내리게 하는 행위를 한 경우 1차 위반 경고, 2차
위반 자격정지 30일, 3차 위반 자격취소의 처분이 행해
진다.

33 택시운송사업자가 택시운수종사자에게 전가시켜서는
아니 되는 비용이 아닌 것은?

① 택시구입비
② 유류비
③ 식비
④ 세차비

> **Advice** 사업구역의 택시운송사업자는 택시의 구입 및 운행에 드
는 비용 중 다음의 비용을 택시운수종사자에게 부담시켜
서는 아니 된다.
　　⊙ 택시 구입비(신규차량을 택시운수종사자에게 배차하
　　　면서 추가 징수하는 비용을 포함한다)
　　⊙ 유류비
　　⊙ 세차비
　　⊙ 교통사고 처리비

34 다음 중 1차 위반 시 과태료의 금액이 가장 적은 것은?

① 택시운수종사자 준수사항을 위반한 경우
② 택시운송사업자가 보고를 하지 않거나 거짓으로
　한 경우
③ 택시운송사업자가 서류제출을 하지 않거나 거짓
　서류를 제출한 경우
④ 택시운송사업자가 검사를 정당한 사유 없이 거부 ·
　방해 또는 기피한 경우

> **Advice** ① 20만원
　　　② 25만원
　　　③ 50만원
　　　④ 50만원

35 다음 중 택시 운행정보에 해당하지 않는 것은?

① 주행거리
② 승차거리
③ 주유정보
④ 위치정보

> **Advice** 택시 운행정보의 범위
　　⊙ 주행거리, 속도, 위치정보(GPS), 분당 회전 수(RPM),
　　　브레이크신호, 가속도 등 교통안전법에 따른 운행기록
　　　장치에 기록된 정보
　　⊙ 승차일시, 승차거리, 영업거리, 요금정보 등 자동차관
　　　리법에 따른 택시요금미터에 기록된 정보

36 택시구입비, 유류비, 세차비 등을 택시운수종사자에게 전가시킨 경우 1차 위반시 처분기준으로 옳은 것은?

① 50만원

② 100만원

③ 500만원

④ 1,000만원

》**Advice** 택시구입비, 유류비, 세차비, 교통사고처리비 등을 택시운수종사자에게 전가시킨 택시운송사업자에게는 1차 위반 시 500만원, 2차 위반 시 1,000만원, 3차 위반 이상 시 1,000만원의 과태료가 부과된다.

PART

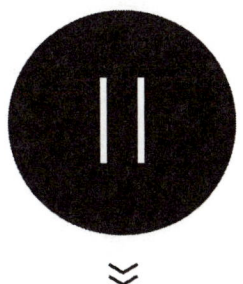

안전운행

안전운행

1 교통안전시설의 종류로 볼 수 없는 것은?

① 신호기　　　　　② 신호등
③ 주의표지　　　　④ 보호표지

〉 **Advice** 교통안전시설의 종류
　　㉠ 신호기
　　㉡ 신호등
　　㉢ 안전표지 : 주의표지 · 규제표지 · 지시표지 · 보조표지 ·
　　　　노면표시

2 모범운전자에게 경찰청장이 지원해 줄 수 있는 장비
가 아닌 것은?

① 경적　　　　　　② 신호봉
③ 점퍼　　　　　　④ 야광조끼

〉 **Advice** ③ 복장에 해당한다.
　　※ 경찰청장은 모범운전자에게 복장 및 장비를 지원할
　　　수 있다.
　　　㉠ 복장 : 모자, 근무복, 점퍼 등
　　　㉡ 장비 : 경적, 신호봉, 야광조끼 등

3 차량신호등이 녹색 등화일 경우 그 신호가 의미하는
것은?

① 차마는 정지선이 있거나 횡단보도가 있는 경우
　그 직전에 정지하여야 한다.
② 차마는 직진 또는 우회전을 할 수 있다.
③ 차마는 정지선, 교차로의 직전에 정지하여야 한다.
④ 차마는 다른 교통에 주의하면서 진행할 수 있다.

〉 **Advice** 차량신호등에 녹색이 등화되었을 경우
　　㉠ 차마는 직진 또는 우회전 할 수 있다.
　　㉡ 비보호좌회전표지 또는 비보호좌회전표시가 있는 곳
　　　에서는 좌회전할 수 있다.

4 차량신호등이 황색 화살표 등화일 경우 그 의미로
적합한 것은?

① 화살표 방향으로 차마는 진행할 수 있다.
② 화살표 방향으로 진행하려는 차마는 정지하여야
　한다.
③ 화살표 방향으로 진행하려는 차마는 정지선이 있
　을 경우 그 직전에 정지하여야 한다.
④ 화살표 방향으로 안전표지의 표시에 주의하면서
　진행할 수 있다.

〉 **Advice** 황색 화살표의 등화 … 화살표시 방향으로 진행하려는 차
　　마는 정지선이 있거나 횡단보도가 있을 때에는 그 직전
　　이나 교차로의 직전에 정지하여야 하며, 이미 교차로에
　　차마의 일부라도 진입한 경우에는 신속히 교차로 밖으로
　　진행하여야 한다.

5 적색 ×표 표시가 등화되었을 경우 그 의미는?

① 차마는 지정한 차로로 진행할 수 있다.
② 차마는 ×표가 있는 차로로 진행할 수 없다.
③ 차마는 ×표가 있는 차로로 일부가 진입한 경우
　에는 신속히 그 차로 밖으로 진로를 변경하여야
　한다.
④ 차마는 횡단보도를 통과할 수 있다.

〉 **Advice** 적색×표 표시의 등화시 차마는 ×표가 있는 차로로 진
　　행할 수 없다.

6 다음 중 차마가 직진할 수 없는 경우는?

① 녹색의 등화
② 황색 등화의 점멸
③ 녹색 화살표(↓)의 등화
④ 적색의 등화

》Advice ④ 차마는 정지선, 횡단보도 및 교차로의 직전에서 정지하여야 한다.

7 다음 중 T자형 교차로를 나타내는 주의표지는?

①  ②

③  ④

》Advice ① +자형교차로
③ Y자형교차로
④ ├자형교차로

8 다음 중 철길건널목을 나타내는 주의표지는?

①  ②

③  ④

》Advice ① 우합류도로
② 좌합류도로
③ 회전형교차로

9 다음 중 과속방지턱을 나타내는 주의표지는?

①  ②

③  ④

》Advice ① 미끄러운 도로
② 강변도로
③ 노면고르지못함

10 다음 중 어린이보호를 의미하는 주의표지는?

①  ②

③  ④

》Advice ① 낙석도로
② 횡단보도
④ 자전거도로

11 다음 중 교량을 나타내는 주의표지는?

①  ②

③  ④

》Advice ① 터널
③ 야생동물보호
④ 상습정체구간

답》》 1.④ 2.③ 3.② 4.③ 5.② 6.④ 7.② 8.④ 9.④ 10.③ 11.②

12 다음 중 화물자동차통행금지를 나타내는 규제표지는?

① 　②

③ 　④

》**Advice** ① 자동차통행금지
　　　　③ 승합자동차통행금지
　　　　④ 이륜자동차 및 원동기장치자전거통행금지

13 다음 중 앞지르기 금지를 나타내는 규제표지는?

① 　②

③ 　④

》**Advice** ① 우회전금지
　　　　② 좌회전금지
　　　　③ 유턴금지

14 다음 중 차간거리확보를 나타내는 규제표지는?

① 　②

③ 　④

》**Advice** ① 차높이제한
　　　　② 차폭제한
　　　　④ 최저속도제한

15 다음 중 위험물적재차량통행금지를 나타내는 규제표지는?

① 　②

③ 　④

》**Advice** ① 자전거통행금지
　　　　② 진입금지
　　　　③ 보행자보행금지

16 다음 중 좌회전 및 유턴을 나타내는 지시표지는?

① 　②

③ 　④

》**Advice** ① 직진 및 우회전
　　　　② 직진 및 좌회전
　　　　④ 좌우회전

17 다음 중 기상상태를 나타내는 보조표지는?

① 안개지역　② 🐌🌧

③ 차로엄수　④ 건너가지 마시오

》**Advice** ② 노면상태
　　　　③ 교통규제
　　　　④ 통행규제

18 다음 중 진로변경제한선을 나타내는 표면표시가 아닌 것은?

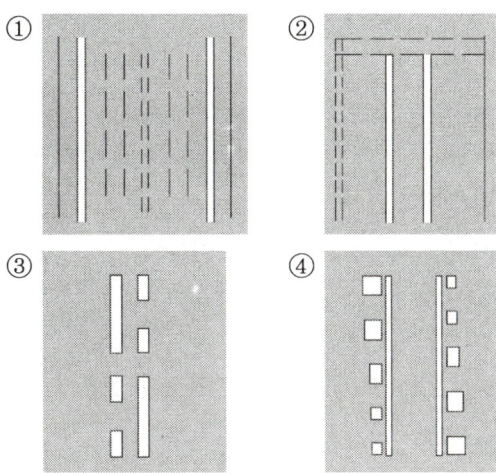

》Advice ① 길가장자리구역선을 나타낸다.

19 다음 중 주차를 할 수 있는 구역을 나타내는 노면표시가 아닌 것은?

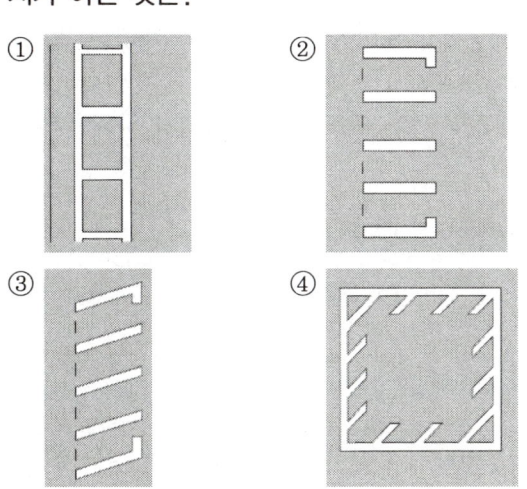

》Advice ① 평행주차
　　　　② 직각주차
　　　　③ 경사주차
　　　　④ 정차금지지대

20 다음 중 유도선을 나타내는 노면표시는 무엇인가?

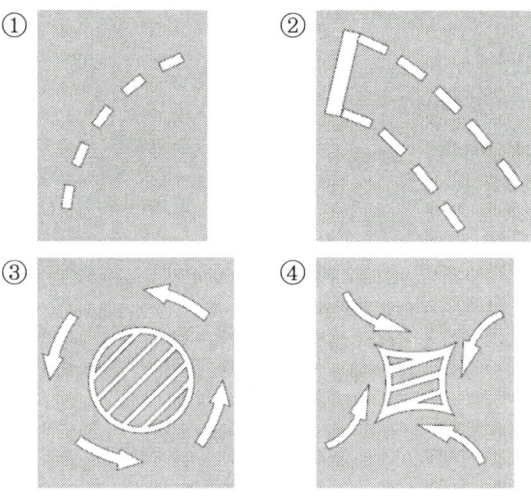

》Advice ① 유도선
　　　　② 좌회전유도차로
　　　　③ 유도
　　　　④ 유도

21 야간운전 시 안전운행 방법으로 옳지 않은 것은?

① 대향차량의 전조등 불빛을 직접적으로 보지 않는다.
② 불빛에 의해 순간적으로 앞을 잘 볼 수 없다면 속도를 높인다.
③ 가파른 도로나 커브길 등에서는 대향차의 전조등에 대한 주의를 기울여야 한다.
④ 맞은편에서 다가오는 차량 및 보행자 등을 주의하여야 한다.

》Advice 불빛에 의해 순간적으로 앞을 잘 볼 수 없다면 속도를 줄여야 한다.

22 운전자의 감정이 운전에 미치는 영향의 요인으로 보기 어려운 것은?

① 부주의
② 집중력 저하
③ 정보처리능력 저하
④ 시력 저하

》Advice 운전자의 감정에 미치는 영향으로는 부주의와 집중력 저하, 정보처리능력의 저하 등을 들 수 있다.

23 야간에 대향차의 전조등 눈부심으로 인해 순간적으로 보행자를 잘 볼 수 없게 되는 현상을 무엇이라 하는가?

① 현혹현상　　　　② 증발현상
③ 깊이지각　　　　④ 동체시력

》 **Advice** ① 운행 중 갑자기 빛이 눈에 비치면 순간적으로 장애물을 볼 수 없는 현상
③ 양안 또는 단안 단서를 이용하여 물체의 거리를 효과적으로 판단하는 능력
④ 움직이는 물체 또는 움직이면서 다른 자동차나 사람 등의 물체를 보는 시력

24 운전 중의 스트레스와 흥분을 최소화하는 방법으로 옳지 않은 것은?

① 사전에 주행계획을 세우고 여유 있게 출발한다.
② 다른 운전자의 실수를 예상하여 행동하도록 한다.
③ 기분 나쁘거나 우울한 상태에서는 운전을 피하도록 한다.
④ 자기 암시적인 사고를 하도록 한다.

》 **Advice** 운전상황에서 감정이 야기되는 것을 최소화하기 위해 운전자 자신이 불안반응이나 감정적 반응을 강화시키는 자기 암시적 사고를 하지 않도록 하여야 한다.

25 다음 중 피로를 유발하는 원인으로 보기 힘든 것은?

① 수면 과다　　　　② 지루함
③ 질병　　　　　　④ 스트레스

》 **Advice** 피로는 수면 부족, 지루함, 질병, 스트레스 등에 의해 야기된다.

26 피로가 운전에 미치는 영향에 대한 설명으로 틀린 것은?

① 교통표지를 간과하거나 보행자를 알아보지 못한다.
② 긴급 상황에 필요한 조치를 제대로 하지 못한다.
③ 운전에 필요한 몸과 마음상태를 유지할 수 없다.
④ 사소한 일에도 당황하지 않으며, 판단을 정확히 한다.

》 **Advice** ① 주의력 저하
② 사고력 및 판단력 저하
③ 지구력 저하

27 다음 중 피로가 운전에 미치는 영향 중 신체적 요인이 아닌 것은?

① 의지력　　　　② 감각능력
③ 운동능력　　　④ 졸음

》 **Advice** ① 정신적 요인에 해당한다.
※ 신체적 요인 … 감각능력, 운동능력, 졸음 등

28 운전 중 피로를 푸는 방법으로 적합하지 않은 것은?

① 차 안에 항상 신선한 공기가 충분히 유입되도록 한다.
② 태양빛이 강하거나 눈의 반사가 심할 경우 선글라스를 착용한다.
③ 지루하게 느끼거나 졸음이 올 때에는 최대한 빨리 도착지로 향한다.
④ 정기적으로 차를 멈추어 차에서 나와 가벼운 체조를 한다.

》 **Advice** 운전 중 피로를 푸는 방법
㉠ 차 안에는 항상 신선한 공기가 유입되도록 한다.
㉡ 태양빛이 강하거나 반사가 심할 경우 선글라스를 착용한다.
㉢ 지루하거나 졸음이 올 때에는 라디오를 틀거나, 노래를 부른다.
㉣ 정기적으로 차를 멈추어 산책 또는 가벼운 체조를 한다.
㉤ 운전 중에 계속 피로함을 느끼면 차를 멈추는 편이 낫다.

29 졸음운전의 위험신호 및 징후에 대한 설명으로 옳지 않은 것은?

① 눈이 스르르 감기거나 전방을 제대로 주시할 수 없어진다.
② 이 생각, 저 생각이 나면서 많이 생각이 든다.
③ 차선을 제대로 유지 못하고 차가 좌우로 조금씩 왔다 갔다 하는 것을 느낀다.
④ 앞차에 바짝 붙는다거나 교통신호를 놓친다.

>> **Advice** 졸음운전의 증후

      ㉠ 눈이 스르르 감기거나 전방을 제대로 주시할 수 없어
         진다.
      ㉡ 머리를 똑바로 유지하기가 힘들어 진다.
      ㉢ 하품이 자주 난다.
      ㉣ 이 생각 저 생각이 나면서 생각이 단절된다.
      ㉤ 지난 몇 km를 어떻게 운전해 왔는지 가물가물하다.
      ㉥ 차선을 제대로 유지하지 못하고 차가 좌우로 조금씩
         왔다 갔다 하는 것을 느낀다.
      ㉦ 앞차에 바짝 붙는다거나 교통신호를 놓친다.
      ㉧ 순간적으로 차도에서 갓길로 벗어나거나 거의 사고
         직전에 이르기도 한다.

30 술에 대한 잘못된 상식으로 옳지 않은 것은?

① 운동을 하거나 사우나를 하거나 커피를 마시면
    술이 빨리 깬다.
② 알코올은 음식이나 음료일 뿐이다.
③ 술을 마시면 생각이 더 명료해진다.
④ 술 마시면 얼굴이 빨개지는 사람은 건강하지 못
    한 사람이다.

>> **Advice** 술에 대한 잘못된 상식

      ㉠ 운동을 하거나 사우나를 하는 것 그리고 커피를 마시
         면 술이 빨리 깬다.
      ㉡ 알코올은 음식이나 음료일 뿐이다.
      ㉢ 술을 마시면 생각이 더 명료해진다.
      ㉣ 술 마시면 얼굴이 빨개지는 사람은 건강하기 때문이다.
      ㉤ 술 마실 때는 담배 맛이 좋다.
      ㉥ 간장이 튼튼하면 아무리 술을 마셔도 괜찮다.

31 다음 중 음주 만취기에 해당하는 상태는?

① 기분이 상쾌해진다.
② 얼큰히 취한 기분이 든다.
③ 상당히 큰소리를 낸다.
④ 같은 말을 반복해서 한다.

>> **Advice** 만취기의 상태

      ㉠ 갈지자로 걸음을 걷는다.
      ㉡ 같은 말을 반복해서 한다.
      ㉢ 호흡이 빨라진다.
      ㉣ 매스꺼움을 느낀다.

32 다음 중 건강한 성인 남성을 기준으로 맥주를 마셨
을 경우 사망에 이르게 되는 양은?

① 6 ~ 7잔
② 8 ~ 14잔
③ 15 ~ 20잔
④ 21잔 이상

>> **Advice** ① 완취기
      ② 만취기
      ③ 혼수상태
      ④ 사망 가능

33 화를 자주 내고 서면 휘청거릴 정도로 술을 마셨다
면 이는 어떠한 상태에 해당하는가?

① 손상가능기
② 완취기
③ 만취기
④ 혼수상태

>> **Advice** 완취기의 상태

      ㉠ 마음이 관대해진다.
      ㉡ 상당히 큰소리를 낸다.
      ㉢ 화를 자주 낸다.
      ㉣ 서면 휘청거린다.

34 알코올이 운전에 미치는 영향으로 옳지 않은 것은?

① 섬리-운동 협응능력 증가
② 시력의 지각능력 저하
③ 주의 집중능력 저하
④ 판단능력 감소

>> **Advice** 알코올이 운전에 미치는 영향

      ㉠ 심리-운동 협응능력 저하
      ㉡ 시력의 지각능력 저하
      ㉢ 주의 집중능력 감소
      ㉣ 정보 처리능력 둔화
      ㉤ 판단능력 감소
      ㉥ 차선을 지키는 능력 감소

답 >> 23.② 24.④ 25.① 26.④ 27.① 28.③ 29.② 30.④ 31.④ 32.④ 33.② 34.①

35 음주운전이 위험한 이유로 보기 어려운 것은?

① 발견지연으로 인한 사고 위험이 증가하기 때문에
② 운전에 대한 통제력 강화로 과잉조작에 의한 사고가 증가하기 때문에
③ 시력저하 및 졸음으로 인한 사고가 증가하기 때문에
④ 2차 사고를 유발할 수 있기 때문에

> **Advice** 음주운전이 위험한 이유
> ㉠ 발견지연으로 인한 사고 위험 증가
> ㉡ 운전에 대한 통제력 약화로 과잉조작에 의한 사고 증가
> ㉢ 시력저하와 졸음 등으로 인한 사고의 증가
> ㉣ 2차 사고 유발
> ㉤ 사고의 대형화
> ㉥ 마신 양에 따른 사고 위험도의 지속적 증가

36 음주운전 차량의 패턴으로 볼 수 없는 것은?

① 음주단속현장을 보고 멈칫하거나 눈치를 보는 자동차
② 과도하게 좁은 반경으로 회전하는 자동차
③ 지그재그 운전을 수시로 하는 자동차
④ 2개 차로를 걸쳐서 운전하는 자동차

> **Advice** 음주운전 차량의 패턴
> ㉠ 경찰관이 정차 명령을 하였을 때 제대로 정차하지 못하거나 급정차하는 자동차
> ㉡ 단속현장을 보고 멈칫하거나 눈치를 보는 자동차
> ㉢ 야간에 아주 천천히 달리는 자동차
> ㉣ 깜깜한 밤에 미등만 켜고 주행하는 자동차
> ㉤ 기어를 바꿀 때 기어소리가 심한 자동차
> ㉥ 전조등이 미세하게 좌우로 왔다 갔다 하는 자동차
> ㉦ 앞차의 뒤를 너무 가까이 따라가는 자동차
> ㉧ 과도하게 넓은 반경으로 회전하는 자동차
> ㉨ 2개 차로에 걸쳐서 운전하는 자동차
> ㉩ 신호에 대한 반응이 과도하게 지연되는 자동차
> ㉪ 운전행위와 반대되는 방향지시등을 조작하는 자동차
> ㉫ 지그재그 운전을 수시로 하는 자동차
> ㉬ 교통신호나 안전표지와 다른 반응을 보이는 자동차

37 다음 중 안전운행에 악영향을 미치는 약물이 아닌 것은?

① 진정제   ② 흥분제
③ 이뇨제   ④ 환각제

> **Advice** 안전운행에 악영향을 미치는 약물… 진정제, 흥분제, 환각제 등

38 불안, 불면, 통증, 경련 등의 증세를 완화시키거나 고혈압 치료 등의 목적으로 사용되나 복용 중에 운전을 하게 되면 자제력 감소, 사물 확인 불능 등의 상태를 야기시키는 약물은?

① 각성제   ② 흥분제
③ 진정제   ④ 환각제

> **Advice** 진정제
> ㉠ 중추신경이 비정상적으로 흥분한 상태를 진정시키는 데 쓰이는 의약품이다.
> ㉡ 불안, 불면, 통증, 경련 등의 증세를 완화시키거나 고혈압 치료 등의 목적으로 복용한다.
> ㉢ 진정제의 효과는 알코올의 효과와 유사하다.
> ㉣ 반사행동이 둔화되고, 심리-운동 협응능력도 저하된다.
> ㉤ 복용 중에 운전을 하게 되면 이완되고, 자제력이 감소되며, 사물을 확인하는데 어려움을 느낀다.
> ㉥ 운전 중의 예측 및 의사결정, 운전조작 각 과정을 적절히 수행하는 데도 어려움을 느끼게 된다.

39 운전자가 치료목적으로 약물을 복용할 경우 반드시 준수해야 하는 내용이 아닌 것은?

① 설명서를 잘 읽어보고 졸음이나 현기증을 유발하는 약물의 경우 운전 전에 복용하지 않는다.
② 감기약, 두통약 등의 진통제도 운전에 영향을 미칠 수 있는 성분이 있으므로 반드시 주의하여야 한다.
③ 진정제는 알코올과 함께 복용하면 신경조직이 더욱 더 활발해진다.
④ 의사나 약사와 상의하지 않고 일반적인 약을 복용해서도 안 된다.

> **Advice** 감기약을 알코올과 함께 복용하면 신경조직이 둔감해지고, 진정제를 알코올과 함께 복용하면 신경조직이 둔감해져 죽음에 이를 수도 있다.

40 다음 내용을 보고 이 사고에 대한 내용을 바르게 설명하지 못한 것은?

> K씨는 바이어와의 약속시간에 맞추기 위하여 자신의 승용차의 속도를 올려 목적지로 급하게 향하고 있다. 교차로에 접근 중 좌회전 신호이기 때문에 신호가 바뀌기 전에 진입하기 위하여 속도를 다소 높였다. 그가 교차로에 다가가자 신호는 황색으로 바뀌었다. 반대방향에서는 물건 배달을 하는 S씨가 택배 오토바이를 타고 신호가 바뀔 것을 예상하고 정지선 앞쪽으로 나오고 있다. 다른 차들에 방해받지 않고 주행하기 위해 신호가 바뀌면 바로 출발하려는 참이다. S씨는 K씨의 차가 신호가 바뀔 때 진입하지 않을 것으로 생각한다. 그 결과는 오토바이에 타고 있던 S씨는 중상, 승용차에 타고 있던 K씨는 경상의 사고를 야기했다.

① K씨는 신호가 황색신호로 바뀐 다음에 교차로에 진입하지 말았어야 한다.
② K씨는 먼저 좌회전 하고 있는 앞차에만 신경을 썼어야 한다.
③ S씨는 신호에 따라 진행하기 전에 반대편에서 교차로에 들어오는 차량에 주의를 기울였어야 한다.
④ K씨와 S씨 모두 동일한 시간에 동일한 공간으로 이동하려고 하여 발생한 사고이다.

> **Advice** K씨는 황색 신호로 바뀐 다음에는 교차로에 진입하지 말았어야 하며, 신호와 먼저 좌회전한 앞차에만 신경을 써 오토바이를 보지 못한 것이다.

41 운전자는 교통약자인 보행자에 주의기울여 운전을 하여야 한다. 다음 중 보행자 보호의 주요 주의사항으로 보기 어려운 것은?

① 시야가 차단된 상황에서 나타나는 보행자는 특히 조심하여야 한다.
② 차량신호가 녹색이라도 완전히 비워 있는지를 확인하지 않은 상태에서는 횡단보도에 진징하지 않는다.
③ 회전할 때에는 회전 방향의 도로를 건너는 보행자가 있음을 주의한다.
④ 신호에 따라 횡단하는 보행자의 뒤에서 그들을 압박하거나 양보를 하여야 한다.

> **Advice** 신호에 따라 횡단하는 보행자의 앞뒤에서 그들을 압박하거나 재촉해서는 안 된다.

42 어린이 통학버스를 위한 보호운전에 대한 설명으로 틀린 것은?

① 어린이 통학버스가 어린이를 태우고 있다는 표시를 한 상태로 도로를 통행하는 때에는 어린이 통학버스를 앞지르지 못한다.
② 어린이가 타고 내리는 중임을 나타내는 어린이 통학버스가 정차한 차로와 그 차로의 바로 옆 차로를 통행하는 차의 운전자는 어린이 통학버스에 이르기 전 일시 정지하여 안전을 확인 후 서행하여야 한다.
③ 중앙선이 설치된 도로와 편도 1차로인 도로의 반대방향에서 진행하는 차의 운전자는 어린이 통학버스에 이르기 전 일시 정지하여 안전을 확인한 후 서행한다.
④ 어린이 통학버스에서 유아가 내리고 있음을 발견한 때에는 정차한 차로나 그 옆 차로를 통행하는 차량은 일시 정지하여 안전을 확인 후 서행한다.

> **Advice** 중앙선이 설치되지 아니한 도로와 편도 1차로인 도로의 반대방향에서 진행하는 차의 운전자는 어린이 통학버스에 이르기 전 일시 정지하여 안전을 확인한 후 서행한다.

43 자전거 및 이륜자동차와 동일한 방향으로 주행하는 차량의 운전자가 주의해야 할 사항으로 보기 어려운 내용은?

① 자전거 및 이륜자동차가 차로 내에서 점유할 공간을 내 주어야 한다.
② 자전거 및 이륜자동차를 앞지를 때에는 특별히 주의하여야 한다.
③ 자전거 및 이륜자동차의 갑작스러운 움직임에 대해 예측하여야 한다.
④ 우회전할 때에는 마주보는 방향의 자전거 및 이륜자동차를 주의하여야 한다.

> **Advice** 우회전하기 전에 뒤쪽에서 또는 좌측에서 우회전 방향 도로로 자전거나 이륜자동차가 접근하고 있는지를 확인하여야 하며, 좌회전할 때에는 마주보는 방향의 자전거나 이륜자동차를 주의하여야 한다.

44 대형버스나 트럭 등과 함께 주행할 경우 안전 운전 방법에 대한 설명으로 옳지 않은 것은?

① 버스나 트럭 등과는 일정한 거리를 두고 운행하는 것이 적합하다.
② 대형차의 사각지대에 들어오지 않도록 주의하며 운행한다.
③ 버스나 트럭 등을 앞지르기 할 경우 바짝 붙어서 진행한다.
④ 대형차가 회전할 경우 회전 공간 주변에 위치하지 않도록 한다.

》Advice 버스나 트럭 등을 앞지르기 할 경우 버스나 트럭 등은 길이가 길기 때문에 앞지르기 시간도 그만큼 길어지기 때문에 앞지르기를 할 경우 후사경 등으로 그 차의 전면 전체를 볼 수 있을 때까지는 차 앞으로 들어가지 말아야 한다.

45 버스 뒤에서 진행하고 있는데 버스나 트럭이 바짝 붙을 경우 어떻게 운행해야 하는가?

① 일정한 간격을 유지한다.
② 차로변경을 한다.
③ 속도를 줄인다.
④ 정지한다.

》Advice 버스나 트럭 등 대형차량과는 일정한 공간적 거리를 두는 것이 안전하며, 만일 버스 뒤에 버스나 트럭이 바짝 붙으면 차로변경을 하는 것이 안전하다. 이때 갑자기 움직이는 것은 피하고 차로변경 신호를 하는 것을 잊지 말아야 한다.

46 스탠딩 웨이브 현상이 계속되면 타이어 내부의 고열로 인해 타이어는 쉽게 과열되어 파손될 수 있다. 이러한 현상을 예방하기 위한 방법으로 옳지 않은 것은?

① 주행 중인 속도를 줄인다.
② 타이어 공기업을 평소보다 높인다.
③ 과다 마모된 타이어나 재생타이어를 사용하지 않는다.
④ 브레이크 액을 교환한다.

》Advice 스탠딩 웨이브 현상 예방법
㉠ 주행 중인 속도를 줄인다.
㉡ 타이어 공기압을 평소보다 높인다.
㉢ 과다 마모된 타이어나 재생타이어를 사용하지 않는다.

47 자동차가 물이 고인 노면을 고속으로 주행할 때 타이어 접지면 앞 쪽에서 들어오는 물의 압력에 의해 타이어가 노면으로부터 떠올라 물위를 미끄러지는 현상을 무엇이라 하는가?

① 스탠딩 웨이브 현상
② 수막 현상
③ 페이드 현상
④ 베이퍼 록 현상

》Advice 수막 현상 … 자동차가 물이 고인 노면을 고속으로 주행할 때 타이어의 트레드 홈 사이에 있는 물을 헤치는 기능이 감소되어 노면 접지력을 상실하게 되는 현상으로 타이어 접지면 앞 쪽에서 들어오는 물의 압력에 의해 타이어가 노면으로부터 떠올라 물위를 미끄러지는 현상이다.

48 내리막길을 내려갈 때 브레이크를 반복해서 사용하면 마찰열이 라이닝에 축적되어 브레이크의 제동력이 저하되는 현상은?

① 페이드 현상
② 모닝 록 현상
③ 베이퍼 록 현상
④ 수막 현상

》Advice 페이드 현상 … 내리막길을 내려갈 때 브레이크를 반복하여 사용하면 마찰열이 라이닝에 축적되어 브레이크의 제동력이 저하되는 현상으로, 브레이크 라이닝의 온도상승으로 과열되어 라이닝의 마찰계수가 저하됨에 따라 페달을 강하게 밟아도 제동이 잘 되지 않는다.

49 베이퍼 록 현상이 발생되는 원인으로 옳지 않은 것은?

① 긴 내리막길에서 계속 풋 브레이크를 사용하여 브레이크 드럼이 과열되었을 경우
② 브레이크 드럼과 라이닝 간격이 작아 라이닝이 끌리게 됨에 따라 드럼이 과열되었을 경우
③ 불량한 브레이크 액을 사용하였을 경우
④ 브레이크 액의 변질로 비등점이 상승하였을 경우

》**Advice** 베이퍼 록 현상이 발생하는 주요 원인
⊙ 긴 내리막길에서 계속 풋 브레이크를 사용하여 브레이크 드럼이 과열되었을 때
ⓛ 브레이크 드럼과 라이닝 간격이 작아 라이닝이 끌리게 되어 드럼이 과열되었을 때
ⓒ 불량한 브레이크 액을 사용하였을 때
ⓔ 브레이크 액의 변질로 비등점이 저하되었을 때

50 모닝 록 현상에 대한 설명으로 옳지 않은 것은?

① 비가 자주오거나 습도가 높은 날 또는 오랜 시간 주차한 후에는 브레이크 드럼에 미세한 녹이 발생하게 되는 현상을 말한다.

② 브레이크 드럼과 라이닝, 브레이크 패드와 디스크의 마찰계수가 높아져 평소보다 브레이크가 지나치게 민감하게 작동한다.

③ 모닝 록 현상이 발생하였을 경우 평소 감각대로 브레이크를 여러 차례 밟으면 모닝 록 현상이 해소된다.

④ 아침에 운행을 시작을 때나 장시간 주차한 다음 운행을 할 경우 출발시 서행하면서 브레이크를 몇 차례 밟아주면 녹이 자연스럽게 제거된다.

》**Advice** 모닝 록 현상이 발생하였을 경우 평소 감각대로 브레이크를 밟으면 급제동되어 사고가 발생할 수 있다.

51 언더 스티어 현상에 대한 설명으로 옳지 않은 것은?

① 코너링 상태에서 구동력이 원심력보다 작아 타이어가 그립의 한계를 넘어서 핸들을 돌린 각도만큼 라인을 타지 못하고 코너 바깥쪽으로 밀려나가는 현상이다.

② 후륜구동 차량에서 주로 발생한다.

③ 핸들을 지나치게 깎거나 과속, 브레이크 잠김 등이 원인이 되어 발생할 수 있다.

④ 타이어 그립이 더 떨어질수록 언더 스티어가 심하고 경우에 따라 스핀이나 그와 유사한 사고를 초래한다.

》**Advice** 언더 스티어 현상은 전륜구동 차량에서 주로 발생한다.

52 오버 스티어 현상에 대한 내용으로 틀린 것은?

① 코너링 시 운전자가 핸들을 꺾었을 때 그 꺾은 범위보다 차량 앞쪽이 진행 방향의 안쪽으로 더 돌아가려고 하는 현상이다.

② 오버 스티어 현상은 흔히 후륜구동 차량에서 주로 발생한다.

③ 구동력을 가진 뒷 타이어는 계속 앞으로 나아가려하고 차량 앞은 이미 꺾인 핸들 각도로 인해 그 꺾인 쪽으로 빠르게 진행하게 되므로 코너 안쪽으로 말려들어오게 되는 현상이다.

④ 오버 스티어 현상을 예방하려면 커브길 진입 시에는 80km 정도로 하여야 한다.

》**Advice** 오비 스티어 현상을 예방하기 위해서는 커브길 진입 전에 충분히 감속하여야 한다. 만일 오버 스티어 현상이 발생할 때에는 가속페달을 살짝 밟아 뒷바퀴의 구동력을 유지하면서 동시에 감은 핸들을 살짝 풀어줌으로서 방향을 유지하도록 한다.

53 앞바퀴 안쪽과 뒷바퀴 안쪽 궤적 간의 차이를 내륜차라 하는데, 이러한 내륜차에 의한 사고 위험에 대한 설명으로 틀린 것은?

① 전진 주차를 위해 주차공간으로 진입도중 차의 뒷부분이 주차되어 있는 차와 충돌할 수 있다.

② 커브길의 원활한 회전을 위해 확보한 공간으로 끼어든 이륜차나 소형승용차를 발견하지 못해 충돌사고가 발생할 수 있다.

③ 버스가 1차로에서 좌회전하는 도중에 차의 뒷부분이 2차로에서 주행 중이던 승용차와 충돌할 수 있다.

④ 차량이 보도 위에 서 있는 보행자를 차의 뒷부분으로 스치고 지나가거나, 보행자의 발등을 뒷바퀴가 타고 넘어갈 수 있다.

》**Advice** ③ 외륜차에 대한 사고 위험에 대한 설명이다.

54 다음 중 타이어의 마모에 영향을 미치는 요소가 아닌 것은?

① 타이어 공기압
② 공차중량
③ 브레이크
④ 노면

⟩ **Advice** 타이어의 마모에 영향을 미치는 요소
 ㉠ 타이어 공기압
 ㉡ 차의 하중
 ㉢ 차의 속도
 ㉣ 커브
 ㉤ 브레이크
 ㉥ 노면
 ㉦ 정비불량 및 기온
 ㉧ 운전습관 및 타이어 트레드 패턴

55 운전자가 브레이크 페달에 발을 올려 브레이크가 작동을 시작하는 순간부터 자동차가 완전히 정지할 때까지 이동한 거리를 무엇이라 하는가?

① 공주거리
② 제동거리
③ 정지거리
④ 안전거리

⟩ **Advice** ① 운전자가 자동차를 정지시켜야 할 상황임을 인지하고 브레이크 페달로 발을 옮겨 브레이크가 작동을 시작하기 전까지 이동한 거리
③ 운전자가 위험을 인지하고 자동차를 정지시키려고 시작하는 순간부터 자동차가 완전히 정지할 때까지 이동한 거리

56 공주거리와 제동거리를 합한 거리를 무엇이라 하는가?

① 정지거리
② 안전거리
③ 인지거리
④ 운행거리

⟩ **Advice** 공주거리와 제동거리를 합한 거리를 정지거리라 하며, 공주시간과 제동시간을 합한 시간을 정지시간이라 한다.

57 차량의 원활한 소통을 위하여 도로 중앙 쪽에 설치하는 고속 자동차의 주행차로를 무엇이라 하는가?

① 가변차로
② 양보차로
③ 앞지르기차로
④ 회전차로

⟩ **Advice** 앞지르기차로 … 저속 자동차로 인한 뒤차의 속도감소를 방지하고, 반대차로를 이용한 앞지르기가 불가능할 경우 원활한 소통을 위해 도로 중앙 측에 설치하는 고속 자동차의 주행차로를 말한다. 2차로 도로에서 주행속도를 확보하기 위해 오르막차로와 교량 및 터널구간을 제외한 구간에 설치된다.

58 가변차로에 대한 설명으로 틀린 것은?

① 방향별 교통량이 특정시간 대에 현저하게 차이가 발생하는 도로에서 교통량이 많은 쪽으로 차로수가 확대될 수 있도록 신호기에 의하여 차로의 진행방향을 지시하는 차로를 말한다.
② 차량의 운행속도를 향상시켜 구간 통행시간을 줄여준다.
③ 차량의 지체를 감소시켜 에너지 소비량과 배기가스 배출량의 감소 효과를 기대할 수 있다.
④ 현재 영동고속도로에서 주말 나들이 시간대의 원활한 교통소통을 위해 시행하고 있다.

⟩ **Advice** 가변차로는 경부고속도로에서 출 · 퇴근 시간대의 원활한 교통소통을 위해 갓길을 활용한 가변차로제를 시행하고 있으며, 차로 제어용 가변 전광표지판, 노면표시 및 교통안전시설 및 도로안내표지판을 병행 설치하여 운행하고 있다.

59 회전차로에 해당하지 않는 도로는?

① 좌회전차로
② 우회전차로
③ 가속차로
④ 유턴차로

⟩ **Advice** 회전차로는 교차로 등에서 자동차가 우회전, 좌회전 또는 유턴을 할 수 있도록 직진차로와는 별도로 설치하는 차로로 좌회전차로, 우회전차로, 유턴차로 등이 있다.

60 다음 중 가속차로 및 감속차로를 설치하는 장소로 보기 어려운 곳은?

① 고속도로의 인터체인지 연결로
② 휴게소 진입로
③ 도로의 길어깨
④ 상위도로와 하위도로가 연결되는 평면교차로

》**Advice** 변속차로는 주로 고속도로의 인터체인지 연결로, 휴게소 및 주유소의 진입로, 공단진입로, 상위도로와 하위도로가 연결되는 평면교차로 등 차량의 유출입이 잦은 곳에 설치한다.

61 자동차의 통행방향에 따라 분리하거나 성질이 다른 같은 방향의 교통을 분리하기 위하여 설치하는 도로의 부분이나 시설물을 무엇이라고 하는가?

① 측대   ② 주정차대
③ 분리대   ④ 편경사

》**Advice** ① 갓길 또는 중앙분리대의 일부분으로 포장 끝부분 보호, 측방에 여유 확보, 운전자의 시선을 유도하는 기능을 갖는다.
② 자동차의 주차 또는 정차에 이용하기 위하여 차도에 설치하는 도로의 부분을 말한다.
④ 평면곡선부에서 자동차가 원심력에 저항할 수 있도록 하기 위하여 설치하는 횡단경사를 말한다.

62 교차로 내의 주행경로를 명확히 하기 위한 도류화의 목적으로 옳지 않은 것은?

① 자동차가 진행해야 할 경로를 명확히 제공한다.
② 보행자 안전지대를 설치하기 위한 장소를 제공한다.
③ 분리된 회전차로는 회전차량의 대기장소를 제공한다.
④ 교차로 면적을 조정함으로써 자동차 간에 상충되는 면적을 늘린다.

》**Advice** ④ 교차로 면적을 조정함으로써 자동차 간에 상충되는 면적을 줄인다.

63 교차로 또는 차도의 분기점에 설치하는 섬 모양의 시설을 교통섬이라 한다. 다음 중 교통섬의 설치 목적에 해당하지 않는 것은?

① 도로교통의 흐름을 안전하게 유도
② 보행자가 도로를 횡단할 때 대피섬 제고
③ 진행방향이 교차되지 않도록 통행경로 제공
④ 신호등, 도로표지, 안전표지, 조명 등 노상시설의 설치장소 제공

》**Advice** 교통섬의 설치 목적
㉠ 도로교통의 흐름을 안전하게 유도
㉡ 보행자가 도로를 횡단할 때 대피섬 제공
㉢ 신호등, 도로표지, 안전표지, 조명 등 노상시설의 설치장소 제공

64 다음 중 교통약자에 해당하지 않는 사람은?

① 장애인   ② 고령자
③ 임산부   ④ 청소년

》**Advice** **교통약자** … 장애인, 고령자, 임산부, 영유아를 동반한 사람, 어린이 등 생활함에 있어 이동에 불편을 느끼는 사람을 말한다.

65 도로의 곡선부에 차량의 이탈사고를 방지하기 위하여 방호울타리를 설치하는데 다음 중 방호울타리의 기능으로 보기 어려운 것은?

① 자동차의 사고를 미연에 방지
② 탑승자의 상해 및 자동차의 파손을 감소
③ 자동차를 정상적인 진행방향으로 복귀
④ 운전자의 시선을 유도

》**Advice** 방호울타리의 기능
㉠ 자동차의 차도 이탈을 방지하는 것
㉡ 탑승자의 상해 및 자동차의 파손을 감소시키는 것
㉢ 자동차를 정상적인 진행방향으로 복귀시키는 것
㉣ 운전자의 시선을 유도하는 것

66 도로에 설치되어 있는 중앙분리대의 기능으로 옳지 않은 것은?

① 상·하행 차도의 교통을 분리시켜 차량의 중앙선 침범에 의한 치명적인 정면출돌 사고를 방지하고 도로 중심축의 교통마찰을 감소시켜 원활한 교통소통을 유지한다.

② 광폭분리대의 경우 사고 및 고장차량이 정지할 수 있는 여유 공간을 제공한다.

③ 필요에 따라 유턴 등을 방지하여 교통 혼잡이 발생하지 않도록 하여 안전성을 높인다.

④ 야간에 주행할 때 시거가 감소하여 교통의 안전성이 감소된다.

> Advice 야간에 주행할 때 발생하는 전조등 불빛에 의한 눈부심이 방지된다.

67 도로에 설치하는 갓길의 기능으로 틀린 것은?

① 고장차가 대피할 수 있는 공간을 제공하여 교통 혼잡을 방지하는 역할을 한다.

② 유턴을 방지하고 교통 혼잡이 발생하지 않도록 하여 안전성을 높인다.

③ 도로관리 작업공간이나 지하매설물 등을 설치할 수 있는 장소를 제공한다.

④ 보도가 없는 도로에서는 보행자의 통행 장소로 제공된다.

> Advice 갓길의 기능
  ㉠ 고장차가 대피할 수 있는 공간을 제공하여 교통 혼잡을 방지하는 역할을 한다.
  ㉡ 도로 측방의 여유 폭은 교통의 안전성과 쾌적성을 확보할 수 있다.
  ㉢ 도로관리 작업공간이나 지하매설물 등을 설치할 수 있는 장소를 제공한다.
  ㉣ 곡선도로의 시거가 증가하여 교통의 안전성이 확보된다.
  ㉤ 보도가 없는 도로에서는 보행자의 통행 장소로 제공된다.

68 도로에 포장된 갓길의 장점으로 보기 어려운 것은?

① 긴급자동차의 주행을 원활하게 한다.

② 차도 끝의 처짐이나 이탈을 방지한다.

③ 물의 흐름으로 인한 노면의 변색을 방지한다.

④ 보도가 없는 도로에서는 보행의 편의를 제공한다.

> Advice 물의 흐름으로 인한 노면 패임을 방지한다.

69 교량에서의 교통사고에 대한 내용으로 옳지 않은 것은?

① 교량의 폭, 교량 접근도로의 형태 등이 교통사고와 관계가 된다.

② 교량 접근도로의 폭에 비해 교량의 폭이 넓으면 사고 위험이 증가한다.

③ 교량 접근도로의 폭과 교량의 폭이 같으면 사고 위험이 감소한다.

④ 교량 접근도로의 폭과 교량의 폭이 다른 경우에는 안전표지, 시선유도시설 등을 설치하여 사고를 감소시킬 수 있다.

> Advice 교량 접근도로의 폭에 비해 교량의 폭이 좁으면 사고 위험이 증가한다.

70 교통류가 신호등 없이 교차로 중앙의 원형교통섬을 중심으로 회전하여 교차부를 통과하도록 하는 교차로를 무엇이라 하는가?

① 로터리　　　　② 회전교차로
③ 길어깨　　　　④ 종단경사

> Advice 회전교차로는 교통류가 신호등 없이 교차로 중앙의 원형교통섬을 중심으로 회전하여 교차부를 통과하도록 하는 평면교차로의 일종이다.

71 회전교차로 통과 시의 운행방법으로 옳지 않은 것은?

① 회전교차로에 진입하는 자동차는 회전 중인 자동차에게 양보하여야 한다.

② 최전차로 내부에 주행 중인 자동차를 방해할 우려가 있는 경우에는 진입하지 말아야 한다.

③ 교차로 내부에서 회전 정체로 인한 혼잡이 발생할 수 있다.

④ 회전교차로를 통과할 때에는 모든 자동차가 중앙교통섬을 중심으로 시계 반대방향으로 회전하며 통행한다.

> Advice 교차로 내부에서 회전 정체는 발생하지 않는다. 즉, 교통 혼잡이 발생하지 않는다.

72 다음 중 회전교차로와 로터리의 차이점에 대한 설명으로 틀린 것은?

① 회전교차로는 진입자동차가 양보하여야 하나, 로터리의 경우 회전자동차가 양보하여야 한다.
② 회전교차로는 저속으로 진입하여야 하며, 로터리는 고속으로 진입하여야 한다.
③ 회전교차로는 고속으로 회전차로 운행이 불가하나, 로터리는 고속으로 회전차로 운행이 가능하다.
④ 회전교차로는 진입자동차에게 우선권을 부여하며, 로터리는 회전자동차에게 우선권을 부여한다.

〉〉**Advice** 회전교차로의 경우 회전자동차에게 통행우선권이 있으며, 로터리의 경우 진입자동차에게 통행우선권이 있다.

73 회전교차로 설치를 통한 교차로 서비스 향상 측면이 아닌 것은?

① 교통소통 측면
② 교통안전 측면
③ 도로분리 측면
④ 비용절감 측면

〉〉**Advice** 회전교차로 설치를 통한 교차로 서비스 향상
　　㉠ 교통소통 향상
　　㉡ 교통안전 향상
　　㉢ 도로미관 향상
　　㉣ 비용절감

74 도로 조명시설의 기능으로 옳지 않은 것은?

① 주변이 밝아짐에 따라 교통안전에 도움을 준다.
② 운전자의 시야를 감소시킨다.
③ 범죄 발생을 방지하고 감소시킨다.
④ 운전자의 시선 유도를 통해 보다 편안하고 안전한 주행 여건을 제공한다.

〉〉**Advice** 도로 조명시설은 운전자의 피로를 감소시킨다.

75 다음 중 안전운행을 위한 위험의 정보처리과정을 바르게 나열한 것은?

① 확인 – 예측 – 판단 – 실행
② 예측 – 확인 – 판단 – 실행
③ 판단 – 확인 – 예측 – 실행
④ 확인 – 판단 – 예측 – 실행

〉〉**Advice** 운전의 위험을 다루는 효율적인 정보처리 방법은 확인 – 예측 – 판단 – 실행과정을 거쳐야 한다.

76 운전 중 판단의 기본요소가 아닌 것은?

① 시인성
② 시간
③ 거리
④ 성격

〉〉**Advice** 운전 중 판단의 기본요소 … 시인성, 시간, 거리, 안전공간 및 잠재적 위험원 등에 대한 평가

77 운전 중 예측하기 위하여 판단요소를 평가하게 되는데, 평가의 내용으로 보기 어려운 것은?

① 주행로
② 회피
③ 타이밍
④ 위험원

〉〉**Advice** 예측평가의 내용
　　㉠ 주행로 : 다른 차의 진행 방향과 거리
　　㉡ 행동 : 다른 차의 운전자가 할 것으로 예상되는 행동
　　㉢ 타이밍 : 다른 차의 운전자가 행동하게 될 시점
　　㉣ 위험원 : 특정차량, 자전거 이용자 또는 보행자의 잠재적 위험
　　㉤ 교차지점 : 교차하는 문제가 발생하는 정확한 지점

78 다음 중 운전행동 유형 중 지연 회피 운전행동에 해당하는 것은?

① 사전 적응적
② 인지요인 취약성
③ 높은 각성상태
④ 낮은 사고 관여율

〉〉**Advice** ①②④ 예측 회피 운전행동에 해당한다.

79 예측 회피 운전행동의 기본적 방법이 아닌 것은?

① 속도의 감속
② 진로변경
③ 다른 운전자에게 신호하기
④ 높은 각성상태

> **Advice** 예측 회피 운전행동의 기본적 방법
> ㉠ 속도의 가·감속
> ㉡ 진로변경
> ㉢ 다른 운전자에게 신호하기

80 안전운전을 위한 기본 기술에 해당하지 않는 것은?

① 운전 중에 전방 멀리 본다.
② 전체적으로 살펴본다.
③ 눈을 도로로만 고정시킨다.
④ 차가 빠져나갈 공간을 확보한다.

> **Advice** 안전운전을 위한 기본 기술
> ㉠ 운전 중에 전방 멀리 본다.
> ㉡ 전체적으로 살펴본다.
> ㉢ 눈을 계속해서 움직인다.
> ㉣ 다른 사람들이 자신을 볼 수 있게 한다.
> ㉤ 차가 빠져나갈 공간을 확보한다.

81 운전을 할 경우 전방을 멀리 보지 않고 가까운 곳을 보고 운전할 때 나타나는 위험성으로 볼 수 없는 것은?

① 교통의 흐름에 맞지 않고 빠르게 차를 운전하게 된다.
② 차로의 한편으로 치우쳐 주행하게 된다.
③ 우회전 할 때 좁게 회전한다.
④ 우회전, 좌회전 차량에 대한 인지가 늦어 급브레이크를 밟게 된다.

> **Advice** 전방 가까운 곳을 보고 운전할 때의 징후
> ㉠ 교통의 흐름에 맞지 않을 정도로 너무 빠르게 차를 운전한다.
> ㉡ 차로의 한편으로 치우쳐서 주행한다.
> ㉢ 우회전, 좌회전 차량 등에 대한 인지가 늦어 급브레이크를 밟는다던가, 회전차량에 진로를 막혀버린다.
> ㉣ 우회전할 때 넓게 회전한다.
> ㉤ 시인성이 낮은 상황에서 속도를 줄이지 않는다.

82 시야 확보가 작을 경우 나타나는 징후로 보기 어려운 것은?

① 급정거
② 급차로 변경
③ 진로방해
④ 급과속

> **Advice** 시야 확보가 적은 징후
> ㉠ 급정거
> ㉡ 앞차에 바짝 붙어 가는 경우
> ㉢ 좌·우회전 등의 차량에 진로를 방해받음
> ㉣ 반응이 늦은 경우
> ㉤ 빈번하게 놀라는 경우
> ㉥ 급차로 변경 등이 많을 경우

83 안전운전을 위해서는 전후좌우를 살피며 운전을 해야 한다. 다음 중 시야 고정이 많은 운전자의 특성으로 틀린 것은?

① 위험에 대응하기 위해 경적이나 전조등을 많이 사용한다.
② 더러운 창이나 안개에 개의치 않는다.
③ 회전하기 전에 뒤를 확인하지 않는다.
④ 자기 차를 앞지르려는 차량의 접근 사실을 미리 확인하지 못한다.

> **Advice** 시야 고정이 많은 운전자의 특성
> ㉠ 위험에 대응하기 위해 경적이나 전조등을 좀처럼 사용하지 않는다.
> ㉡ 더러운 창이나 안개에 개의치 않는다.
> ㉢ 거울이 더럽거나 방향이 맞지 않는데도 개의치 않는다.
> ㉣ 정지선 등에서 정지 후, 다시 출발할 때 좌우를 확인하지 않는다.
> ㉤ 회전하기 전에 뒤를 확인하지 않는다.
> ㉥ 자기 차를 앞지르려는 차량의 접근 사실을 미리 확인하지 못한다.

84 다음 중 안전운전에 주의하여야 할 의심스러운 상황으로 보기 어려운 것은?

① 주행로 앞쪽으로 고정물체나 장애물이 있는 것으로 의심되는 경우
② 전방 신호등이 일정시간 계속 녹색일 경우
③ 다른 차가 옆 도로에서 너무 빨리 나올 경우
④ 주차차량에 운전자가 조수석에 있는 경우

≫ **Advice** 운전시 주의해야 할 의심스러운 상황
　　　㉠ 주행로 앞쪽으로 고정물체나 장애물이 있는 것으로
　　　　의심되는 경우
　　　㉡ 전방 신호등이 일정시간 계속 녹색일 경우 – 신호가
　　　　바뀔 것을 알려야 한다.
　　　㉢ 주차차량에 운전자가 운전석에 있는 경우 – 갑자기
　　　　빠져 나올 수 있다.
　　　㉣ 반대 차로에서 다가오는 차가 좌회전 할 수도 있는
　　　　경우
　　　㉤ 다른 차가 옆 도로에서 너무 빨리 나올 경우
　　　㉥ 진출로에서 나오는 차가 자신을 보지 못할 경우

85 주행 중 안전공간 확보를 위한 방법으로 적절하지 못한 것은?

① 뒤차가 지나갈 수 있게 진로를 변경한다.
② 속도를 줄여 뒤차가 알아서 거리를 늘리도록 만든다.
③ 브레이크를 밟아 제동등이 들어오게 하여 속도를 줄이려는 의도를 뒤차에게 알린다.
④ 정지할 공간을 확보할 수 있게 점진적으로 속도를 줄여 뒤차가 추월할 수 있도록 한다.

≫ **Advice** 안전공간 확보를 위한 방법
　　　㉠ 가능하면 뒤차가 지나갈 수 있게 차로를 변경한다.
　　　㉡ 가능하면 속도를 약간 내어 뒤차와의 거리를 늘린다.
　　　㉢ 브레이크 페달을 가볍게 밟아서 제동등이 들어오게
　　　　하여 속도를 줄이려는 의도를 뒤차가 알 수 있게 한다.
　　　㉣ 정지할 공간을 확보할 수 있게 점진적으로 속도를 줄인다. 이렇게 해서 뒤차가 추월할 수 있게 만든다.

86 대향차량과의 정면충돌사고를 회피하기 위한 운전방법으로 틀린 것은?

① 전방의 도로 상황을 파악한다.
② 속도를 줄인다.
③ 정면으로 마주칠 경우 핸들조작은 왼쪽으로 한다.
④ 오른쪽 방향으로 조금 틀어 공간을 확보한다.

≫ **Advice** 정면으로 마주칠 때 핸들조작은 오른쪽으로 한다. 상대 차로 쪽으로 틀지 않도록 하여야 한다. 상대 운전자 또한 자신의 차로 쪽을 방향을 틀 것이기 때문이다.

87 후미 추돌사고를 예방하기 위한 방법으로 옳지 않은 것은?

① 앞차에 대한 주의를 늦추지 않는다.
② 앞차 운전자의 행동만을 주의 깊게 살펴본다.
③ 충분한 거리를 유지한다.
④ 상대보다 더 빠르게 속도를 줄인다.

≫ **Advice** 후미 추돌사고를 예방하기 위한 방법
　　　㉠ 앞차에 대한 주의를 늦추지 않는다. 앞차 운전자의
　　　　제동등, 방향지시등 등을 살핀다.
　　　㉡ 상황을 멀리까지 살펴본다. 앞차 너머의 상황을 살핌으로서 앞차 운전자를 갑자기 행동하게 만드는 상황과 그로 인해 자신이 위협받게 될 상황을 파악한다.
　　　㉢ 충분한 거리를 유지한다. 앞차와 최소한 3초 정도의
　　　　추종거리를 유지한다.
　　　㉣ 상대보다 더 빠르게 속도를 줄인다. 위험상황이 전개될 경우 바로 엑셀에서 발을 떼서 브레이크를 밟는다. 상대보다 제동이 늦어져서 뒤늦게 브레이크를 세게 밟는 것은 방어운전의 자세가 아니다.

88 눈이나 비가 올 때 주로 발생하는 미끄럼 사고를 방지하기 위한 운전방법으로 옳지 않은 것은?

① 다른 차량 주변으로 가깝게 다가가지 않는다.
② 수시로 브레이크 페달을 밟아 제동이 제대로 이루어지는지 살펴본다.
③ 상대 차량들 보다 더 빠르게 주행하도록 한다.
④ 제동상태가 나쁠 경우 도로 조건에 맞춰 속도를 낮춘다.

≫ **Advice** 미끄럼 사고를 예방하기 위한 방법
　　　㉠ 다른 차량 주변으로 가깝게 다가가지 않는다.
　　　㉡ 수시로 브레이크 페달을 작동해서 제동이 제대로 되는지를 살펴본다.
　　　㉢ 제동상태가 나쁠 경우 도로 조건에 맞춰 속도를 낮춘다.

89 시인성을 높이는 방법 중 운전하기 전의 준비에 해당하지 않는 것은?

① 차의 모든 등화를 깨끗이 닦는다.
② 후사경과 사이드 미러, 운전석의 높이를 적절히 조정한다.
③ 성애제거기, 와이퍼, 워셔 등이 제대로 작동되는지를 점검한다.
④ 남보다 시력이 떨어지면 항상 안경이나 렌즈를 착용한다.

》 **Advice** ④ 운전 중의 행동에 해당한다.

90 시가지 교차로에서의 방어운전방법으로 적절하지 못한 것은?

① 좌·우회전할 때에는 방향지시등을 정확히 점등한다.
② 통과하는 앞차를 빠르게 따라가야 신호가 바뀌기 전에 통과할 수 있다.
③ 황색신호일 때에는 멈출 수 있도록 감속하여 접근한다.
④ 신호는 직접 확인한 후 선신호에 따라 진행하는 차가 없는지 확인 후 출발한다.

》 **Advice** 교차로에서는 통과하는 앞차를 맹목적으로 따라가면 신호를 위반할 가능성이 높다.

91 시가지 이면도로에서의 방어운전 방법에 대한 설명으로 옳지 않은 것은?

① 주변에 주택 등이 밀집되어 있는 주택가나 학교 앞 도로로 보행자의 횡단이나 통행이 많으므로 주의하여야 한다.
② 자동차나 어린이가 갑자기 뛰어들 수 있다는 생각을 가지고 서행하여야 한다.
③ 돌출된 간판 등과 충돌하지 않도록 하여야 한다.
④ 자전거, 손수레 등을 발견하였을 때에는 빠르게 그 앞으로 통과하여 운행하도록 한다.

》 **Advice** 자동차, 자전거, 손수레, 보행자 등을 발견하였을 때에는 갑작스런 회전, 급정거 등 그의 움직임을 주시하면서 운행하여야 한다.

92 커브길의 안전운전 방법으로 볼 수 없는 것은?

① 슬로우-인   ② 패스트-아웃
③ 아웃-인-아웃   ④ 패스트-패스트

》 **Advice** 커브길 주행방법
  ㉠ 슬로우-인, 패스트-아웃 : 커브길에 진입할 때에는 속도를 줄이고, 진출할 때에는 속도를 높이라는 것이다.
  ㉡ 아웃-인-아웃 : 차로 바깥쪽에서 진입하여 안쪽, 바깥쪽 순으로 통과하라는 것이다.

93 커브길 주행방법으로 옳지 않은 것은?

① 커브길에 진입하기 전 경사도나 도로의 폭을 확인하고 풋 브레이크를 작동시켜 속도를 줄인다.
② 감속된 속도에 맞는 기어로 변속한다.
③ 회전이 끝나는 부분에 도달하였을 때에는 핸들을 바르게 한다.
④ 회전이 끝나는 부분에서는 가속 페달을 밟아 서서히 속도를 높인다.

》 **Advice** 커브길에 진입하기 전에 경사도나 도로의 폭을 확인하고 엔진 브레이크를 작동시켜 속도를 줄인다. 엔진 브레이크 만으로 속도가 충분히 줄지 않으면 풋 브레이크를 사용하여 회전 중에 더 이상 감속하지 않도록 줄인다.

94 커브길 주행시 주의사항으로 보기 어려운 것은?

① 커브길에서는 급핸들 조작이나 급제동을 하지 않는다.
② 커브길에서는 상태에 따라 가속이나 감속을 하여 운행한다.
③ 중앙선을 침범하거나 도로의 중앙선에 치우치게 운전하지 않는다.
④ 시야가 제한되어 있는 경우 경음기나 전조등으로 내 차의 존재를 알린다.

》 **Advice** 커브길에서의 가속은 원심력을 증가시켜 도로이탈의 위험이 발생하고, 감속은 차량의 무게중심이 한쪽으로 쏠려 차량의 균형이 쉽게 무너질 수 있으므로 불가피한 경우가 아니면 가속이나 감속은 하지 말아야 한다.

95 언덕길 주행 시 내리막길에서의 방어운전요령으로 옳지 않은 것은?

① 내리막길에서는 엔진 브레이크로 속도를 조절하는 것이 바람직하다.

② 불필요하게 속도를 줄이거나 급제동을 하지 않도록 한다.

③ 시야는 먼 곳을 향하고 급가속을 하지 않도록 한다.

④ 정지하다 출발할 경우에는 핸드 브레이크를 사용하도록 한다.

〉〉 Advice ④ 오르막길 주행방법에 해당한다.

96 철길 건널목을 통과하는 경우 올바른 운전방법으로 옳지 않은 것은?

① 철길 건널목에 접근할 때에는 속도를 줄여 접근한다.

② 일시정지 후에는 철도 좌·우의 안전을 확인하도록 한다.

③ 건널목을 통과할 때에는 기어를 3단으로 빠르게 변속하여야 한다.

④ 건널목 건너편 여유 공간을 확인한 후에 통과한다.

〉〉 Advice 건널목을 통과할 때에는 시동이 꺼지지 않도록 가속 페달을 조금 힘주어 밟아 통과하고, 수동변속기의 경우에는 건널목을 통과하는 중에 기어 변속 과정에서 엔진이 멈출 수 있으므로 가급적 기어 변속을 하지 않고 통과한다.

97 고속도로에서의 안전운전 방법으로 틀린 것은?

① 본선 진입 전 충분히 가속하여 본선 차량의 교통흐름을 방해하지 않도록 한다.

② 진출부 진입 전에 본선 차량에게 영향을 주지 않도록 주의한다.

③ 진입을 위한 가속차로 끝부분에서 가속하지 않도록 주의한다.

④ 본선 진출의도를 다른 차량에게 방향지시등으로 알린다.

〉〉 Advice 진입을 위한 가속차로 끝부분에서는 감속하지 않도록 주의하여야 한다.

98 다음 중 앞지르기를 하여서는 아니되는 경우가 아닌 것은?

① 앞차가 좌측으로 진로를 바꾸려고 하거나 다른 차를 앞지르려고 할 때

② 뒤차가 자기 차를 앞지르려고 할 때

③ 마주 오는 차가 없고 앞차가 정지하려고 할 때

④ 앞차가 교차로나 철길건널목 등에서 정지 또는 서행하고 있을 때

〉〉 Advice 앞지르기를 해서는 안 되는 경우
　　㉠ 앞차가 좌측으로 진로를 바꾸려고 하거나 다른 차를 앞지르려고 할 때
　　㉡ 앞차의 좌측에 다른 차가 나란히 가고 있을 때
　　㉢ 뒤차가 자기 차를 앞지르려고 할 때
　　㉣ 마주 오는 차의 진행을 방해하게 될 염려가 있을 때
　　㉤ 앞차가 교차로나 철길건널목 등에서 정지 또는 서행하고 있을 때
　　㉥ 앞차가 경찰공무원 등의 지시에 따르거나 위험방지를 위하여 정지 또는 서행하고 있을 때
　　㉦ 어린이통학버스가 어린이 또는 유아를 태우고 있다는 표시를 하고 도로를 통행할 때

99 안개가 낀 날씨에 안전운전 방법으로 옳지 않은 것은?

① 전조등, 안개등 및 비상점멸표시등을 켜고 운행하도록 한다.

② 앞차와의 차간거리를 충분히 확보하고 앞차의 제동이나 방향지시등의 신호를 예의 주시하여 운행한다.

③ 가시거리가 100m 이내인 경우에는 최고속도의 30% 정도 가속하여 운행한다.

④ 커브길 등에서는 경음기를 울려 자신이 주행하고 있음을 알려야 한다.

〉〉 Advice 가시거리가 100m 이내인 경우에는 최고속도를 50% 정도 감속하여 운행하여야 한다.

100 빗길 운전의 위험성에 대한 설명으로 옳은 것은?

① 타이어와 노면 사이의 마찰력이 감소하여 정지거리가 짧아진다.
② 와이퍼의 작동 범위에 의하여 좌우 안전을 확인하기 용이하다.
③ 수막현상 등으로 인해 조향조작 및 브레이크 기능이 저하될 수 있다.
④ 젖은 노면에 토사가 흘러내려 진흙이 깔려 있는 곳은 다른 곳보다 덜 미끄럽다.

〉 Advice ① 타이어와 노면 사이의 마찰력이 감소하여 정지거리가 길어진다.
② 와이퍼의 작동범위에 한정되므로 좌우 안전을 확인하기가 어렵다.
④ 젖은 노면에 토사가 흘러내려 진흙이 깔려 있는 곳은 다른 곳보다 더욱 미끄럽다.

101 빗길 안전운전방법으로 틀린 것은?

① 비가 내려 노면이 젖어 있는 경우 최고속도의 20%를 감속하여 운행한다.
② 물이 고인 길을 통과할 때에는 속도를 줄여 저속으로 통과한다.
③ 브레이크를 밟을 때에는 페달을 여러 번 나누어 밟지 않고 한 번에 최대한 밟도록 한다.
④ 보행자 옆을 통과할 때에는 속도를 줄여 흙탕물이 튀기지 않도록 주의한다.

〉 Advice 브레이크를 밟을 때에는 페달을 여러 번 나누어 밟도록 한다.

102 경제운전에 영향을 미치는 요인으로 보기 어려운 것은?

① 교통상황   ② 기상조건
③ 타이어   ④ 미세먼지

〉 Advice 경제운전에 영향을 미치는 요인 … 교통상황, 도로조건, 기상조건, 타이어, 엔진, 공기역학

103 차량에 대한 점검이 필요한 시기가 아닌 것은?

① 운행시작 전
② 운행종료 후
③ 운행 중 이상이 나타난 경우
④ 운전 중 상대방으로 인하여 감정의 통제가 필요한 때

〉 Advice 차량에 대한 점검이 필요한 때
㉠ 운행시작 전 또는 종료 후에는 차량상태를 철저히 점검한다.
㉡ 운행 중간 휴식시간에는 차량의 외관 및 적재함에 실려 있는 물건을 확인한다.
㉢ 운행 중에 차량에 이상이 발견된 경우에는 조치를 취하여야 한다.

104 다음 중 여름철 자동차 점검사항으로 볼 수 없는 것은?

① 냉각장치 점검
② 와이퍼 작동상태 점검
③ 타이어 마모상태 점검
④ 세차 및 곰팡이 제거

〉 Advice ④ 가을철 자동차 점검사항에 해당한다.

105 교통의 3대 요인이 아닌 것은?

① 사람   ② 자동차
③ 기후   ④ 도로환경

〉 Advice 교통의 3대 요소 … 사람, 자동차, 도로환경

106 편도 2차로 이상의 모든 고속도로를 통과할 경우 최고속도는 얼마인가?

① 50km   ② 80km
③ 90km   ④ 100km

〉 Advice 편도 2차로 이상의 모든 고속도로의 최고속도는 매시 100km이다.

LPG 자동차 안전관리

1 LPG 자동차의 액화석유가스 충전에 대한 설명으로 옳지 않은 것은?

① 액화석유가스를 자동차의 연료로 사용하려는 자는 액화석유가스 충전사업소에서 액화석유가스를 충전 받아야 하며, 자기가 직접 충전하여도 된다.
② 자동차의 운행 중 연료가 떨어지거나 자동차의 수리를 위하여 연료의 충전이 필요한 경우에는 자기가 직접 충전하여도 된다.
③ 자동차의 운행 중 연료가 소진되어 내용적 1리터 미만의 용기로 고압가스 안전관리법에 따른 검사를 받은 접속장치를 사용하여 충전하는 경우에는 충전사업소 외의 곳에서 충전할 수 있다.
④ 자동차의 수리를 위하여 용기 안의 잔가스를 임시로 회수하고, 수리가 끝난 후 운행을 하기 위하여 회수한 가스를 재충전하는 경우에는 충전사업소가 아닌 곳에서 충전할 수 있다.

〉 **Advice** 액화석유가스를 자동차의 연료로 사용하려는 자는 액화석유가스 충전사업소에서 액화석유가스를 충전 받아야 하며, 자기가 직접 충전하여서는 아니 된다.

2 다음 중 장애인 등록으로 사용하던 액화석유가스를 연료로 사용하는 승용자동차를 일반인이 사용할 수 있는 경우에 해당하는 것은?

① 등록 후 차주가 사망한 경우
② 등록 후 3년이 지난 경우
③ 등록 후 5년이 지난 경우
④ 등록 후 1년 만에 중고로 판매할 경우

〉 **Advice** 장애인 또는 국가유공자 등록 등으로 사용하던 승용자동차로서 액화석유가스를 연료로 사용하는 승용자동차로 등록 후 5년이 지난 경우는 그 승용자동차에 대해서는 액화석유가스를 연료로 사용하는 것을 일반인에게 제한하지 않는다.

3 다음 중 LPG 자동차 충전소에서 절대 하여서는 아니되는 행동은?

① 액화석유가스 충전   ② 세차
③ 흡연   ④ 휴식

〉 **Advice** 누구든지 액화석유가스를 연료로 사용하는 자동차에 액화석유가스를 충전하는 사업소에서 흡연을 하여서는 아니 된다.

4 다음 중 한국가스안전공사가 실시하는 안전교육 중 특별교육을 받아야 하는 대상자는?

① 액화석유가스 안전관리원
② 액화석유가스 운반책임자
③ 액화석유가스 사용자동차 운전자
④ 액화석유가스 안전관리책임자

〉 **Advice** 액화석유가스 사용자동차 운전자는 특별교육 대상이다.

5 다음 중 LPG를 연료로 사용할 수 있는 자동차가 아닌 것은?

① 여객자동차운수사업용 승용자동차
② 하이브리드자동차
③ 국가유공자등으로부터 승용자동차를 상속받은 보호자가 소유·사용하는 승용자동차
④ 장애인으로부터 승용자동차를 매매하여 사용하는 승용자동차

〉 **Advice** 장애인복지법에 따라 등록한 장애인이나 그 장애인과 주민등록표 등본상 세대를 같이 하는 보호자가 소유·사용하는 승용자동차(장애인이 사망한 경우에는 그 사망 당시 해당 승용자동차를 소유하고 있는 보호자 또는 장애인으로부터 승용자동차를 상속받은 보호자가 소유·사용하는 승용자동차의 경우만 해당) 중 1대. 다만, 장애인복

지법에 따라 등록한 장애인이나 그 장애인과 주민등록표 등본상 세대를 같이 하는 보호자가 소유·사용하는 승용자동차를 교체하거나 폐차하기 위하여 다른 액화석유가스를 연료로 사용하는 승용자동차를 취득하여 1인 2대가 되는 경우에는 취득일부터 60일까지는 1대로 본다.

6 자동차의 연료용으로 액화석유가스를 사용하려는 자는 완성검사나 정기검사를 받아야 한다. 다음 중 검사를 받은 경우가 아닌 것은?

① 자동차관리법에 따라 자기인증을 한 경우
② 자동차관리법에 따른 튜닝검사를 받은 경우
③ 자동차관리법에 따른 정기검사를 받은 경우
④ 자동차관리법에 따른 완성검사를 받은 경우

》 **Advice** 자동차의 연료용으로 액화석유가스를 사용하려는 자는 다음의 구분에 따라 법에 따른 완성검사나 정기검사를 받은 것으로 본다.
　　㉠ 다음의 어느 하나에 해당하는 경우에는 완성검사를 받은 것으로 본다.
　　　• 자동차관리법에 따라 자기인증을 한 경우
　　　• 자동차관리법에 따른 튜닝검사를 받은 경우
　　㉡ 자동차관리법에 따른 정기검사를 받은 경우에는 정기검사를 받은 것으로 본다.

7 LPG 자동차의 충전방법에 대한 설명으로 틀린 것은?

① 충전시에는 탱크용량의 95%까지만 충전하도록 한다.
② 충전시에는 반드시 연료차단 스위치를 눌러 연료 공급을 중단시키고 시동을 꺼야 한다.
③ 연료 주입구를 열어 LPG 연료를 충전해야 한다.
④ 연료 주입시에는 충전밸브를 열어야 한다.

》 **Advice** LPG 충전시에는 연료탱크의 안정성 유지를 위하여 탱크 용량의 85%까지만 충전할 수 있도록 설계되어 있다. 연료 게이지는 탱크 용량의 85% 주입시 최대치를 표시한다.

8 LPG 자동차의 엔진 시동 전 점검해야 할 사항으로 옳지 않은 것은?

① LPG 탱크의 모든 밸브가 열려 있는지 확인한다.
② 비눗물을 이용하여 각 연결부의 가스 누출여부를 점검하여야 한다.
③ 온수 호스에서 물이 새지 않는지 점검하여야 한다.
④ 전기배선에 이상이 없는지 점검하여야 한다.

》 **Advice** LPG 탱크에는 연료 취출밸브, 충전밸브, 긴급차단밸브 등이 달려 있으며, 통상 사용시 조작하지 않아도 된다.

9 LPG 자동차의 시동 요령으로 틀린 것은?

① LPG 스위치를 누른다.
② 'P' 위치에서 브레이크 페달을 밟고 시동을 건다.
③ 시동이 걸리면 파일럿 램프가 꺼질 때까지 기다렸다가 출발하여야 한다.
④ 냉각수 온도계가 구간의 중간 부근에 있을 때 주행하여야 한다.

》 **Advice** 양호한 운전성과 엔진 내구성의 확보를 위하여 냉각수 온도계가 구간의 시작점 부근에 올 때까지 워밍업을 한 후 주행하여야 한다.

10 LPG 자동차의 주차요령에 대한 설명 중 틀린 것은?

① 공회전을 유지하다가 LPG 스위치를 OFF 시켜 저절로 정지될 때까지 기다려야 한다.
② 겨울철의 경우 냉각수가 히터를 순환함으로서 초래되는 열손실을 방지하기 위하여 히터 온도조절 레버를 COOL 위치에 놓는다.
③ 엔진이 정지되면 시동 스위치를 LOCK에 놓는다.
④ 장시간 주차할 경우에는 충전밸브, 액출밸브, 기출밸브를 반드시 잠그도록 한다.

》 **Advice** 여름철의 경우 냉각수가 히터를 순환함으로서 초래되는 열손실을 방지하기 위하여 히터 온도조절 레버를 COOL 위치에 놓는다.

11 LPG 가스가 누출되었을 경우 안전사항으로 옳지 않은 것은?

① 가스가 누출되는 부위가 확인되면 일단 손으로 막아 부위의 크기를 확인하도록 한다.
② LPG 탱크는 수리를 하여서는 안 되고 절대 교환을 하여야 한다.
③ 가스 누출량이 많은 부분은 하얗게 서리가 끼는 것으로 확인할 수 있다.
④ 가스누출시 규격 장비를 갖춘 정비협력업체를 이용하도록 한다.

>> **Advice** 가스가 누출되는 부위를 손으로 막으면 동상에 걸릴 위험이 있으므로 손으로 막아서는 절대 안 된다.

12 LPG 자동차 운행시 지켜야 할 안전사항으로 볼 수 없는 것은?

① LPG 차량 소유자 및 운전자는 한국가스안전공사가 실시하는 안전교육을 차량 출고 후 3개월 이내에 이수해야 한다.
② 주행 중 LPG 냄새 또는 이상을 느끼게 되면 즉시 차량을 정지시키고 엔진을 끈 다음 조치를 취하도록 한다.
③ LPG 누설이 중단되지 않을 경우 속히 부근의 화기를 없애고 안전하게 LPG가 방출되도록 감시하면서 경찰서, 소방서 등에 긴급연락을 취하도록 한다.
④ LPG 가스 주입 시에는 안전을 위하여 승객와 운전자는 하차 후 실시하는 것이 좋다.

>> **Advice** LPG 차량 소유자 및 운전자는 반드시 한국가스안전공사가 실시하는 안전교육을 차량 출고 후 1개월 이내에 이수해야 한다.

13 LPG 자동차를 운행 중 교통사고가 발생할 경우 응급조치 요령으로 옳지 않은 것은?

① 차체에 파손을 입었을 경우 즉시 LPG 스위치를 OFF 시키고 엔진을 정지시킨다.
② 연료충전밸브, 기출밸브 및 액출밸브를 잠근 후 승객을 대피시키도록 한다.
③ 사고에 대한 조치를 취함과 동시에 연료계통의 누설을 점검하도록 한다.
④ 누설이 많아 응급조치가 불가능할 경우 주변의 접근을 막고 경찰서나 소방서에 연락하도록 한다.

>> **Advice** 사고로 인하여 차체에 파손을 입었을 때에는 즉시 LPG 스위치를 OFF 시키고 엔진을 정지시킨 후 동행 승객을 대피시킨 다음 연료 충전밸브, 기출밸브, 액출밸브를 잠그도록 한다.

14 LPG 자동차에 화재가 발생한 경우 가장 유용한 소화장비는?

① 모래　　　　　　　② 이산화탄소
③ 물　　　　　　　　④ 바람

>> **Advice** LPG에 붙은 불은 물로서 간단히 끌 수 있으며 LPG 탱크가 과열되지 않도록 물로 냉각시켜야 한다.

15 자동차용 LPG의 주성분으로 바르게 짝지어진 것은?

① C_3H_8, C_4H_{10}　　　② C_6H_4, C_3H_{10}
③ C_6H_4, C_4H_{10}　　　④ C_3H_8, C_3H_{10}

>> **Advice** LPG의 주성분은 프로판(C_3H_8)과 부탄(C_4H_{10}) 등으로 이루어져 있다.

16 자동차용 LPG 연료에 대한 설명으로 옳지 않은 것은?

① 순수한 LPG는 상온상압하에서 무색무취의 가스이다.
② 가스 누출의 위험을 감지하기 위하여 부취제를 첨가하여 독특한 냄새가 있다.
③ 과충전 방지장치로 인하여 85% 이상 충전되지 않는다.
④ 프로판의 비율은 일반적으로 60%이다.

>> **Advice** LPG는 프로판과 부탄을 주성분으로 하는 혼합물로서 프로판 비율이 높은 것이 좋다. 우리나라의 프로판 비율은 30%로 혼합하여 사용하도록 권장하고 있다.

17 LPG 자동차의 장점으로 볼 수 없는 것은?

① 연료비가 적게 들어 경제적이다.
② 엔진 소음이 적어 조용하다.
③ 연료의 옥탄가가 낮아 녹킹현상이 잘 일어난다.
④ 엔진 관련 부품의 수명이 상대적으로 길다.

>> **Advice** LPG연료의 옥탄가는 90~125로 높아 녹킹현상이 일어나지 않는다.

18 LPG 자동차의 단점으로 옳지 않은 것은?

① 충전소가 주유소에 비해 적기 때문에 찾기가 힘들다.
② 겨울철에는 시동이 잘 걸리지 않는다.
③ 가스누출시 체류하여 점화원에 의한 폭발의 위험성이 크다.
④ 연소실 내 카본의 부착으로 인하여 점화플러그 수명이 짧다.

〉 **Advice** LPG 자동차는 연소실에 카본의 부착이 없어 점화플러그의 수명이 연장된다.

19 LPG 연료탱크에서 충전밸브의 색상은 무엇인가?

① 황색　　　　　　② 적색
③ 흑색　　　　　　④ 녹색

〉 **Advice** LPG 연료탱크에서 기출밸브는 황색, 액출밸브는 적색, 충전밸브는 녹색을 띠고 있다.

20 LPG 연료탱크 내측에 액출밸브와 일체식으로 조립되어 있으며 배관 연결부 등의 파손에 의해 연료가 비정상적으로 과도하게 흐를 경우 밸브를 닫아 연료가 외부로 누출되는 것을 방지하는 밸브는?

① 과류방지밸브
② 과충전 방지밸브
③ 전자밸브
④ 안전밸브

〉 **Advice** ② 연료 충전시 연료탱크 내부의 뜨게를 이용하여 연료가 연료탱크 용적의 85% 정도 충전되었을 때 연료 유입을 차단하는 역할을 한다.
③ 전자밸브(LPG 솔레노이드밸브)는 액체 및 기체연료 공급파이프로부터 전달된 액체 및 기체연료를 필터로 여과하여 냉각수의 온도가 15℃ 이하이면 기체연료를 15℃ 이상이면 액체연료를 선택하여 기화기에 공급해주는 역할을 한다.
④ 연료탱크 외측의 충전밸브와 일체로 조립되어 있으며 연료탱크의 내압이 상승하여 20.8~24.8kg/㎠ 이상이 되면 밸브가 열려 LPG 연료를 방출함으로써 압력상승에 의한 폭발의 위험을 방지하는 역할을 하며 방출된 연료에 의한 연료탱크의 내압이 18.6~18.8kg/㎠로 낮아지면 밸브는 닫히게 되어 있다.

21 LPG 스위치에 대한 설명으로 틀린 것은?

① LPG 스위치는 LPG 솔레노이드 유니트의 연료통로(기체 및 액체 LPG)를 차단, 공급시키는 역할을 한다.
② LPG 스위치를 'ON' 시키지 않으면 시동이 걸리지 않는다.
③ 운행 후 시동 'OFF'시 공회전 상태에서 LPG 스위치를 'OFF'한 후 시동이 꺼지면 키를 뺀다.
④ 반드시 LPG 스위치로 시동을 끄지 않아도 된다.

〉 **Advice** LPG 스위치로 시동을 끄지 않을 경우 연료파이프 및 공급장치 내에 잔류하는 LPG가 빙결되어 시동이 안 걸릴 수 있다.

22 LPG 자동차의 탱크용량이 71*l*일 경우 최대 충전용량은 얼마인가?

① 70*l*　　　　　　② 65*l*
③ 60*l*　　　　　　④ 50*l*

〉 **Advice** LPG 충전시 탱크용량의 85%까지만 충전할 수 있도록 설계되어 있다.

23 LPG 자동차에 대한 설명으로 옳지 않은 것은?

① 친환경 청정연료로 매연의 발생이 적다.
② 디젤엔진에 비하여 소음과 진동이 크다.
③ 트렁크의 사용공간이 협소하다.
④ LPG 충전소가 적어 장거리 운행에 불편하다.

〉 **Advice** LPG 자동차는 디젤엔진에 비하여 소음과 진동이 적다.

24 LPG 자동차의 연료공급방식으로 볼 수 없는 것은?

① 공기혼합공급방식
② 액체분사공급방식
③ 액제혼합공급방식
④ 기체분사공급방식

〉 **Advice** LPG 자동차 연료공급방식에 따른 분류
　ㄱ 공기혼합공급방식
　ㄴ 액체분사공급방식
　ㄷ 기체분사공급방식

25 다음 중 공기혼합공급방식의 시동방법으로 옳은 것은?

① LPG스위치 'ON' 상태 확인→브레이크 페달을 밟고 자동변속기의 경우 선택레버 P 위치 확인 →시동걸기→워밍업 후 주행

② LPG스위치 'ON' 상태 확인→브레이크 페달을 밟고 자동변속기의 경우 선택레버 P 위치 확인 →시동걸기→LPI 표시등 소등 후 주행

③ LPG스위치 'ON' 상태 확인→브레이크 페달을 밟고 자동변속기의 경우 선택레버 P 위치 확인 →시동걸기→히터작동지시등 소등 후 주행

④ LPG스위치 'ON' 상태 확인→브레이크 페달을 밟고 자동변속기의 경우 선택레버 P 위치 확인 →시동걸기→바로 주행

﹥ **Advice** ② 액체분사공급방식 시동방법
　　　　　　③ 기체분사공급방식 시동방법

26 LPG 자동차의 LPG 충전시 안전수칙으로 보기 어려운 것은?

① 엔진정지
② 충전 중 흡연금지
③ 충전호스 연결시 시동
④ 85% 이상 과다충전 강요금지

﹥ **Advice** 충전호스 연결 시 시동금지이다.

27 LPG 자동차의 운전자가 준수하여야 할 사항으로 옳지 않은 것은?

① 세차 시 모든 부위를 깨끗하게 물로 세척하도록 한다.
② 자동차를 장기간 사용하지 않을 경우에는 모든 용기밸브를 잠그도록 한다.
③ 트렁크룸 내부의 배관이 손상되지 않도록 주의하여야 한다.
④ 자동차 취급설명서의 안전운전 및 취급요령을 숙지하도록 한다.

﹥ **Advice** 세차 시에는 충전구에 물이 들어가지 않도록 주의하여야 한다.

28 LPG 자동차의 가스사고 유형에 대한 내용으로 옳지 않은 것은?

① 용기 및 배관 이음부에서 새어 나온 가스가 자동차 내부로 스며든 상태에서 담뱃불 등 화기에 의한 화재 및 폭발사고

② 충전소에서 가스충전 후 충전호스를 분리하지 않은 상태에서 차량이 출발하여 호스가 파손되어 가스가 누출되면서 엔진 불꽃 등에 의한 화재 및 폭발사고

③ 엔진룸에서 새어 나온 가스가 엔진 불꽃에 의하여 화재 및 폭발을 일으키는 사고

④ 트렁크룸 내부의 배관손상으로 인하여 가스가 누출되면서 트렁크 자동 개폐로 인한 화재 및 폭발사고

﹥ **Advice** LPG 자동차의 가스사고 유형
　　　㉠ 용기 및 배관 이음부에서 새어 나온 가스가 자동차 내부로 스며든 상태에서 담뱃불 등 화기에 의한 화재, 폭발
　　　㉡ 충전소에서 가스충전 후 충전호스를 분리하지 않은 상태에서 차량이 출발, 호스가 파손되어 가스가 누출되면서 차량의 엔진 불꽃 등에 의하여 화재, 폭발
　　　㉢ 엔진룸에서 새어 나온 가스가 엔진불꽃에 의하여 화재, 폭발

29 베이퍼라이저(VAPORIZER)에 대한 설명으로 옳은 것은?

① 소정의 압력을 지닌 기체 LPG로 전환시키는 장치이다.
② 공회전 혼합비 조정 스크류에 장착한 조정 방지 플러그 장치이다.
③ 연료 누출을 방지하는 긴급차단 솔레노이드밸브에 부착하는 장치이다.
④ 연료탱크를 견고하게 유지시켜 주는 장치이다.

﹥ **Advice** LPG 차량은 연료탱크에 포화되어 있는 기체 연료만을 사용하면 혹한 시에 시동성을 대폭 향상시킬 수 있으나, 고속 영역에서는 엔진이 필요로 하는 연료량에 비하여 LPG 연료탱크 내의 액체연료가 기체연료로의 상변화가 순간순간 곧바로 따라주지 못하기 때문에 차량의 출력이 일정치 않아 운전성이 나쁘거나 정상주행이 불가능하게 된다. 베이퍼라이저는 소정의 압력을 지닌 기체 LPG로 전환시키는 장치를 말한다.

30 과충전 방지밸브는 어디에 위치하는가?

① 액상밸브 내
② 충전밸브 내
③ 액출밸브 내
④ 기출밸브 내

❯ **Advice** 과충전 방지밸브는 충전밸브 내에 존재한다.

31 베이퍼라이저에서 기화된 LPG를 공기와 혼합하여 가장 적합한 혼합기체를 연소실에 공급하는 장치를 무엇이라 하는가?

① 파이럿 램프
② 조정 스크류
③ 믹서
④ 솔레노이드 유니트

❯ **Advice** 믹서 … 베이퍼라이저에서 기화된 LPG를 공기와 혼합하여 가장 적합한 혼합기체를 연소실에 공급하는 장치이다.

32 기체·액체 전환 파이럿 램프에 대한 설명으로 옳은 것은?

① 액체 LPG를 사용하고 있는 동안 점등되어 있다가 워밍업에 따라 자동적으로 기체 LPG로 전환되고 램프가 소등된다.
② LPG 솔레노이드 유니트의 연료통로(기체 및 액체 LPG)를 차단, 공급시키는 역할을 한다.
③ 압력상승에 의한 폭발의 위험을 방지하는 역할을 하며 방출된 연료에 의한 연료탱크의 내압이 낮아지면 밸브는 닫히게 되어 있다.
④ 기체 LPG를 사용하고 있는 동안 점등되어 있다가 워밍업에 따라 자동적으로 액체 LPG로 전환되고 램프가 소등된다.

❯ **Advice** 기체·액체 전환 파이럿 램프 … 본 램프는 기체 LPG를 사용하고 있는 동안 점등되어 있다가 워밍업에 따라 자동적으로 액체 LPG로 전환되고 램프가 소등된다. 반드시 소등된 후 운행을 하여야 한다.

33 LPG 자동차의 특징에 대한 설명으로 옳지 않은 것은?

① 국내 LPG 자동차는 1990년대부터 잉여 부탄가스의 수요를 개발하고 대중교통 수단의 연료비 부담을 경감하기 위하여 사용되기 시작하였다.
② LPG는 사업용 자동차의 연료로 사용된 이래 경제성과 환경 친화성에 힘입어 수량이 지속적으로 증가하고 있다.
③ 현재 국내에는 약 170만여 대의 LPG 차량이 운행되고 있다.
④ 현재 국내 LPG 충전소는 약 1,100여 개소가 운영되고 있다.

❯ **Advice** 국내 LPG 자동차는 1970년대부터 잉여 부탄가스의 수요를 개발하고 대중교통 수단의 연료비 부담을 경감하기 위하여 사용되기 시작하였다.

34 자동차용 LPG 성분에 대한 내용으로 옳지 않은 것은?

① LPG의 주성분은 프로판과 부탄 등으로 이루어져 있다.
② LPG는 감압 또는 가열시 쉽게 기화되며 발화하기 쉬우므로 취급상 주의가 필요하다.
③ LPG는 무색무취의 가스이다.
④ LPG 충전은 과충전 방지장치로 인하여 85% 이상 충전되지 않는다.

❯ **Advice** 화학적으로 순수한 LPG는 상온상압 하에서 무색무취의 가스이나, 가스 누출의 위험을 감지할 수 있도록 부취제를 첨가하여 독특한 냄새가 난다.

35 LPG 용기충전의 최대용량은 얼마인가?

① 75%
② 80%
③ 85%
④ 90%

❯ **Advice** LPG 충전시 탱크용량의 85%까지만 충전할 수 있도록 설계되어 있다.

36 LPG 자동차 사고 시 연료의 공급을 차단하는 장치는?

① 액출밸브
② 기출밸브
③ 전자밸브
④ 충전밸브

》 **Advice** 전자밸브 … 전자밸브(LPG 솔레노이드밸브)는 액체 및 기체연료 공급파이프로부터 전달된 액체 및 기체연료를 필터로 여과하여 냉각수의 온도가 15℃ 이하이면 기체연료를 15℃ 이상이면 액체연료를 선택하여 기화기에 공급해주는 역할을 한다.

37 LPG 자동차 운전자 교육 신청기간은?

① 자동차 구입 후 1개월 이내
② 자동차 구입 후 6개월 이내
③ 자동차 구입 후 1년 이내
④ 자동차 구입 후 3년 이내

》 **Advice** LPG 차량 소유자 및 운전자는 반드시 한국가스안전공사가 실시하는 안전교육을 차량 출고 후 1개월 이내에 이수해야 한다.

38 LPG 자동차 운전자 교육은 어디에 신청하여야 하는가?

① 한국가스안전공사
② 택시운송조합
③ 한국가스공사
④ 국토교통부

》 **Advice** LPG 차량 소유자 및 운전자는 반드시 한국가스안전공사가 실시하는 안전교육을 차량 출고 후 1개월 이내에 이수해야 한다.

39 LPG 자동차 안전관리 교육 내용이 아닌 것은?

① 응급시 조치요령
② 연료장치의 구조 및 기능
③ 자동차 관리요령
④ 자동차 수리요령

》 **Advice** 교육내용으로는 자동차 특성, 연료장치의 구조 및 기능, LPG의 특성 및 위험성, 연료장치 점검요령, 자동차 관리요령, 응급시 조치요령, 운전자 기본수칙 등이다.

40 LPG 자동차 안전교육을 받지 않을 경우 행정처분은?

① 과태료 10만원
② 과징금 10만원
③ 과태료 20만원
④ 과징금 20만원

》 **Advice** 위반 시에는 20만원의 과태료가 부과된다.

답 》 30.② 31.③ 32.④ 33.① 34.③ 35.③ 36.③ 37.① 38.① 39.④ 40.③

PART

운송서비스

운송서비스

1 운송서비스에 대한 설명으로 틀린 것은?

① 승객의 이익을 도모하기 위해 행동하는 정신적 · 육체적 노동을 말한다.
② 하나의 상품으로 서비스 품질에 대한 승객만족을 일시적으로 승객에게 제공하는 모든 활동이다.
③ 택시를 이용하여 승객을 출발지에서 최종목적지까지 이동시키는 상업적 행위이다.
④ 택시를 이용하여 승객을 대상으로 승객이 원하는 구간이동 서비스를 제공하는 행위이다.

》**Advice** 하나의 상품으로 서비스 품질에 대한 승객만족을 계속적으로 승객에게 제공하는 모든 활동이다.

2 올바른 서비스 제공을 위한 5가지 요소에 해당하지 않는 것은?

① 단정한 용모와 복장
② 밝은 표정
③ 공손한 인사
④ 직업적인 응대

》**Advice** 올바른 서비스 제공을 위한 5요소
  ㉠ 단정한 용모와 복장
  ㉡ 밝은 표정
  ㉢ 공손한 인사
  ㉣ 친근한 말
  ㉤ 따뜻한 응대

3 서비스의 특징으로 보기 어려운 것은?

① 무형성
② 소멸성
③ 변동성
④ 획일성

》**Advice** 서비스의 특징 … 무형성, 동시성, 인적 의존성, 소멸성, 무소유권, 변동성, 다양성 등

4 서비스의 특성 중 택시 실내의 공간적 제약요인으로 인해 상황의 발생정도에 따라 시간, 요일, 계절별로 달라지는 것을 의미하는 것은?

① 동시성
② 변동성
③ 다양성
④ 소멸성

》**Advice** ① 생산과 소비가 동시에 발생하므로 재고가 발생하지 않는다.
  ③ 승객의 욕구에 따라 달라지는 특성으로 표준화된 서비스를 제공하기 어렵다.
  ④ 서비스는 제공이 끝나면 바로 사라져 남지 않는다.

5 승객이 무엇을 원하고 있으며 무엇이 불만인지 알아내어 승객의 기대에 부응하는 양질의 서비스를 제공함으로써 승객으로 하여금 만족감을 느끼게 하는 것을 무엇이라 하는가?

① 승객만족
② 무소유권
③ 대리만족
④ 여객운송

》**Advice** 승객만족
  ㉠ 승객이 무엇을 원하고 있으며 무엇이 불만인지 알아내어 승객의 기대에 부응하는 양질의 서비스를 제공함으로써 승객으로 하여금 만족감을 느끼게 하는 것
  ㉡ 승객을 만족시키기 위한 추진력과 분위기 조성은 경영자의 몫이라 할 수 있으나 실제로 승객을 상대하고 승객을 만족시키는 사람은 승객과 직접 접촉하는 최일선의 운전사이다.

6 일반적인 택시 승객의 욕구가 아닌 것은?

① 기억되고 싶어한다.
② 환영받고 싶어한다.
③ 무료로 받고 싶어한다.
④ 존경받고 싶어한다.

》**Advice** 일반적인 승객의 욕구
        ㉠ 기억되고 싶어한다.
        ㉡ 환영받고 싶어한다.
        ㉢ 관심받고 싶어한다.
        ㉣ 중요한 사람으로 인식되고 싶어한다.
        ㉤ 편안해지고 싶어한다.
        ㉥ 존경받고 싶어한다.
        ㉦ 기대와 욕구를 수용하고 인정받고 싶어한다.

7 승객만족을 위한 기본예절로 보기 어려운 것은?

① 승객을 기억한다.
② 상스러운 말을 하지 않는다.
③ 승객의 입장을 이해하고 존중한다.
④ 승객의 결점을 지적할 때에는 따끔하게 한다.

》**Advice** 승객의 결점을 지적할 때에는 진지한 충고와 격려로 하여야 한다.

8 긍정적인 이미지를 만들기 위한 3요소로 보기 어려운 것은?

① 시선처리   ② 음성관리
③ 표정관리   ④ 복장관리

》**Advice** 긍정적인 이미지를 만들기 위한 3요소 ⋯ 시선처리, 음성관리, 표정관리

9 서비스의 첫 동작이자 마지막 동작은 무엇인가?

① 눈빛   ② 인사
③ 복장   ④ 외모

》**Advice** 서비스의 첫 동작이자 마지막 동작은 인사로서 서로 만나거나 헤어질 때 말·태도 등으로 존경, 사랑, 우정을 표현하는 행동양식이다.

10 상사에게는 존경심을 동료에게는 우애와 친밀감을 표현할 수 있는 수단은?

① 능력   ② 배려
③ 인사   ④ 관심

》**Advice** 인사는 상대의 인격을 존중하고 배려하며 경의를 표하는 수단으로 상사에게는 존경심을 동료에게는 우애와 친밀감을 표현할 수 있는 수단이다.

11 올바른 인사방법으로 적절한 것은?

① 뒷짐을 지고 하는 인사
② 머리만 까딱거리는 인사
③ 표정이 밝고 부드러운 미소를 짓는 인사
④ 턱을 쳐들고 하는 인사

》**Advice** 올바른 인사
        ㉠ 표정 : 밝고 부드러운 미소를 짓는다.
        ㉡ 고개 : 반듯하게 들되, 턱을 내밀지 않고 자연스럽게 당긴다.
        ㉢ 시선 : 인사를 한 후에 상대방의 눈을 정면으로 바라보며, 상대방을 진심으로 존중하는 마음을 눈빛에 담아 인사한다.
        ㉣ 머리와 상체 : 일직선이 되도록 하며 천천히 숙인다.

12 기본적인 예의를 표현하는 가벼운 인사의 각도는?

① 15˚   ② 30˚
③ 45˚   ④ 60˚

》**Advice** 기본적인 예의를 표현하는 가벼운 인사인 목례는 15˚ 숙인다.

13 마음속의 감정이나 정서 따위의 심리 상태가 얼굴에 나타난 모습을 말하는 것은?

① 인사   ② 표정
③ 음성   ④ 행동

》**Advice** 표정은 마음속의 감정이나 정서 따위의 심리상태가 얼굴에 나타난 모습을 말하며, 다분히 주관적이고 순간순간 변할 수 있고 다양하다.

》》 1.② 2.④ 3.④ 4.② 5.① 6.③ 7.④ 8.④ 9.② 10.③ 11.③ 12.① 13.②

14 표정의 중요성으로 올바르지 못한 것은?

① 첫인상을 좋게 만든다.
② 상대방에 대한 호감도를 나타낸다.
③ 급여를 높일 수 있다.
④ 친근한 관계를 만들어 준다.

》 **Advice** 표정의 중요성
ㄱ 첫인상을 좋게 만든다.
ㄴ 상대방에 대한 호감도를 나타낸다.
ㄷ 상대방과의 원활하고 친근한 관계를 만들어 준다.
ㄹ 업무 효과를 높일 수 있다.
ㅁ 밝은 표정은 호감 가는 이미지를 형성하여 사회생활
에 도움을 준다.
ㅂ 밝은 표정과 미소는 신체와 정신 건강을 향상시킨다.

15 승객 응대 마음가짐 10가지에 해당하지 않는 것은?

① 사명감
② 경영자의 입장
③ 긍정적 사고
④ 투철한 서비스 정신

》 **Advice** 승객 응대 마음가짐 10가지
ㄱ 사명감을 가진다.
ㄴ 승객의 입장에서 생각한다.
ㄷ 원만하게 대한다.
ㄹ 항상 긍정적으로 생각한다.
ㅁ 승객이 호감을 갖도록 한다.
ㅂ 공사를 구분하고 공평하게 대한다.
ㅅ 투철한 서비스 정신을 가진다.
ㅇ 예의를 지켜 겸손하게 대한다.
ㅈ 자신감을 갖고 행동한다.
ㅊ 부단히 반성하고 개선해 나간다.

16 악수를 청하는 방법에 대한 설명으로 틀린 것은?

① 기혼자가 미혼자에게 청한다.
② 선배가 후배에게 청한다.
③ 남자가 여자에게 청한다.
④ 승객이 직원에게 청한다.

》 **Advice** 여자가 남자에게 청한다.

17 단정한 용모와 복장의 중요성에 대한 내용으로 틀린 것은?

① 승객이 받는 첫인상을 결정한다.
② 개인의 이미지를 좌우하는 요인을 제공한다.
③ 활기찬 직장 분위기 조성에 영향을 준다.
④ 하는 일과 성과에 영향을 미친다.

》 **Advice** 회사의 이미지를 좌우하는 요인을 제공한다.

18 다음 중 근무복장에 대한 입장이 다른 하나는?

① 시각적인 안정감과 편안함을 승객에게 전달할 수 있다.
② 소속감 및 애사심 등 심리적인 효과를 유발시킬 수 있다.
③ 승객에게 신뢰감을 줄 수 있다.
④ 효율적이고 능동적인 업무처리에 도움을 줄 수 있다.

》 **Advice** ③ 종사자 입장
①②④ 운수업체 입장

19 복장의 기본원칙으로 보기 어려운 것은?

① 깨끗   ② 단정
③ 품위   ④ 개성

》 **Advice** 복장의 기본원칙 … 깨끗하게, 단정하게, 품위 있게, 규정에
맞게, 통일감 있게, 계절에 맞게, 편하게 등

20 승객에게 불쾌감을 주는 몸가짐으로 볼 수 없는 것은?

① 충혈 되어 있는 눈
② 정리된 깔끔한 수염
③ 지저분한 손톱
④ 무표정한 얼굴

》 **Advice** 승객에게 불쾌감을 주는 몸가짐
ㄱ 충혈 되어 있는 눈
ㄴ 잠잔 흔적이 남아 있는 머릿결
ㄷ 정리되지 않은 덥수룩한 수염
ㄹ 길게 자란 코털
ㅁ 지저분한 손톱
ㅂ 무표정한 얼굴

21 의견, 정보, 지식, 가치관, 기호, 감정 등을 전달하거나 교환함으로써 상대방의 행동을 변화기키는 과정을 무엇이라 하는가?

① 인사   ② 악수
③ 대화   ④ 표정

> **Advice** 대화는 정보전달, 의사소통, 정보교환, 감정이입의 의미로 의견, 정보, 지식, 가치관, 기호, 감정 등을 전달하거나 교환함으로써 상대방의 행동을 변화시키는 과정이다.

22 대화의 4원칙에 해당하지 않는 것은?

① 밝고 적극적으로 말한다.
② 규정에 맞게 말한다.
③ 명료하게 말한다.
④ 품위 있게 말한다.

> **Advice** 대화의 4원칙
　　㉠ 밝고 적극적으로 말한다.
　　㉡ 공손하게 말한다.
　　㉢ 명료하게 말한다.
　　㉣ 품위 있게 말한다.

23 승객에 대한 호칭이나 지칭에 대한 설명으로 옳지 않은 것은?

① 고객보다는 승객이나 손님이라는 호칭을 사용하는 것이 좋다.
② 할아버지, 할머니 등 나이가 드신 분들은 어르신으로 호칭한다.
③ 아줌마, 아저씨는 상대방을 높이는 느낌이므로 호칭으로 사용해도 된다.
④ 잘 아는 사람이라면 이름을 불러 친근감을 줄 수 있으나 공대말을 사용하여 존중하는 느낌을 받도록 한다.

> **Advice** 아줌마, 아저씨는 상대방을 높이는 느낌이 들지 않으므로 호칭이나 지칭으로 사용하지 않는다.

24 다음 중 승객이나 상사에게 말을 걸 때 사용하는 언어는?

① 겸양어   ② 정중어
③ 존경어   ④ 지칭어

> **Advice** 존경어는 사람이나 사물을 높여 말해 직접적으로 상대에 대해 겸의를 나타내는 말이다.

25 회사의 일을 승객에게 말을 할 때 사용하는 언어는?

① 존경어   ② 겸양어
③ 정중어   ④ 조화어

> **Advice** 겸양어란 자신의 동작이나 자신과 관련된 것을 낮추어 말해 간접적으로 상대를 높이는 말이다.

26 대화 시 말하는 입장에 해당하는 것은?

① 흥미와 성의를 가지고 경청한다.
② 맞장구를 치며 경청한다.
③ 모르면 질문하여 물어본다.
④ 상대방의 눈을 부드럽게 주시한다.

> **Advice** ①②③ 듣는 입장에 해당한다.

27 대화할 때 주의사항으로 듣는 입장에서의 주의사항에 해당하는 것은?

① 쉽게 흥분하거나 감정에 치우치지 않는다.
② 상대방의 약점을 잡아 말하는 것은 피한다.
③ 다른 곳을 바라보면서 말을 듣고 말하지 않는다.
④ 전문적인 용어나 외래어를 남용하지 않는다.

> **Advice** ①②④ 말하는 입장에서의 주의사항에 해당한다.

28 다음 중 금연해야 하는 장소가 아닌 곳은?

① 보행중인 도로
② 택시 안
③ 승강장
④ 흡연구역

> Advice 금연해야 하는 장소 ··· 택시 안, 보행중인 도로, 승객대기실 및 승강장, 금연식당 및 공공장소, 다른 사람에게 간접흡연의 영향을 줄 수 있는 장소, 사무실 내 등

29 담배꽁초를 버리는 경우 주의해야 할 사항으로 보기 어려운 것은?

① 담배꽁초는 반드시 재떨이에 버린다.
② 차창 밖으로 버리지 않는다.
③ 화장실 변기에 버린다.
④ 꽁초를 발로 비벼 끄지 않는다.

> Advice 담배꽁초를 처리하는 경우 주의해야 할 사항
㉠ 담배꽁초는 반드시 재떨이에 버린다.
㉡ 차창 밖으로 버리지 않는다.
㉢ 화장실 변기에 버리지 않는다.
㉣ 꽁초를 바닥에다 버리지 않으며, 발로 비벼 끄지 않는다.
㉤ 꽁초를 손가락으로 튕겨 버리지 않는다.

30 직업이 갖는 의미에 해당하지 않는 것은?

① 경제적 의미
② 사회적 의미
③ 심리적 의미
④ 베타적 의미

> Advice 직업의 의미
㉠ 경제적 의미
㉡ 사회적 의미
㉢ 심리적 의미

31 경제적 소득을 얻거나 사회적 지위를 이루기 위해 참여하는 계속적인 활동으로 삶의 한 과정을 의미하는 것은?

① 사회
② 가정
③ 직업
④ 직위

> Advice 직업은 경제적 소득을 얻거나 사회적 가치를 이루기 위해 참여하는 계속적인 활동으로 삶의 한 과정이다. 직업을 통해 생계를 유지할 뿐만 아니라 사회적 역할을 수행하고, 자아실현이 이루어진다.

32 특정한 개인이나 사회의 구성원들이 직업에 대해 갖고 있는 태도나 가치관을 의미하는 것은?

① 가치관
② 직업관
③ 인생관
④ 인간관

> Advice 직업관 ··· 특정한 개인이나 사회의 구성원들이 직업에 대해 갖고 있는 태도나 가치관을 말한다. 생계유지의 수단, 개성발휘의 장, 사회적 역할의 실현 등 서로 상응관계에 있는 3가지 측면에서 직업을 인식할 수 있으나, 어느 측면을 보다 강조하느냐에 따라 각기 특유의 직업관이 성립된다.

33 바람직한 직업관에 해당하지 않는 것은?

① 소명의식을 지닌 직업관
② 사회구성원으로서의 역할 지향적 직업관
③ 미래 지향적 전문능력 중심의 직업관
④ 지위 지향적 직업관

> Advice ④ 잘못된 직업관에 해당한다.

34 사람은 각자의 직업을 통해서 사회의 각종 기능을 수행하고, 직접 또는 간접으로 사회구성원으로서 마땅히 해야 할 본분을 다해야 한다는 직업윤리는?

① 소명의식
② 천직의식
③ 직분의식
④ 전문의식

> Advice ① 직업에 종사하는 사람이 어떠한 일을 하든지 자신이 하는 일에 전력을 다하는 것이 하늘의 뜻에 따르는 것이라고 생각하는 것
② 자신이 하는 일보다 다른 사람의 직업이 수입도 많고 지위가 높더라도 자신의 직업에 긍지를 느끼며, 그 일에 열성을 가지고 성실히 임하는 것
④ 직업인은 자신의 직무를 수행하는데 필요한 전문적 지식과 기술을 갖추어야 하는 것

35 직업에 대한 사회적 역할과 직무를 충실히 수행하고, 맡은 바 임무나 의무를 다해야 한다는 직업윤리는?

① 봉사정신　　　② 전문의식
③ 소명의식　　　④ 책임의식

》 **Advice** ① 현대 산업사회에서 직업 환경의 변화와 직업의식의 강화는 자신의 직무 수행과정에서 협동정신과 봉사정신을 필요로 하게 되었다.
② 직업인은 자신의 직무를 수행하는데 필요한 전문적 지식과 기술을 갖추어야 한다.
③ 직업에 종사하는 사람이 어떠한 일을 하든지 자신이 하는 일에 전력을 다하는 것이 하늘의 뜻에 따르는 것이라고 생각하는 것이다.

36 직업의 내재적 가치에 대한 설명으로 옳은 것은?

① 자신에게 있어서 직업을 도구적인 면에 가치를 둔다.
② 삶을 유지하기 위한 경제적인 도구나 권력을 추구하고자 하는 수단을 중시하는데 의미를 둔다.
③ 자신의 능력을 최대한 발휘하길 원하며, 그로 인한 사회적인 헌신과 인간관계를 중시한다.
④ 직업이 주는 사회 인식에 초점을 맞추려는 경향을 갖는다.

》 **Advice** ①②④ 외재적 가치에 해당한다.

37 여객자동차 운전자가 준수해야 할 사항으로 보기 어려운 것은?

① 노약자 · 장애인 등에 대해서는 특별한 편의를 제공해야 한다.
② 자동차를 항상 깨끗하게 유지하여야 한다.
③ 자동차번호, 운전자면허증, 운전자연락처 등을 적은 표지판을 차량 내에 게시하여야 한다.
④ 여객에 대한 서비스 향상을 위하여 단정한 복장을 갖추어야 한다.

》 **Advice** 승객이 자동차 안에서 쉽게 볼 수 있는 위치에 회사명, 자동차번호, 운전자 성명, 불편사항 연락처 등을 적은 표지판을 게시하여야 한다.

38 운수종사자가 여객을 운송할 때 지켜야 할 사항으로 볼 수 없는 것은?

① 정비가 불량한 자동차는 운행하지 말아야 한다.
② 휴식을 위해 공터에 주차할 경우 질서를 문란하게 하지 말아야 한다.
③ 교통사고를 일으켰을 경우 긴급조치 및 신고의 의무를 충실하게 이행하여야 한다.
④ 위험방지를 위한 운송사업자, 경찰공무원, 도로관리청의 조치에 응하여야 한다.

》 **Advice** 운수종사자는 정류장에서 주차 또는 정차할 때에는 질서를 문란하게 하는 일이 없도록 하여야 한다.

39 운수종사자 준수사항으로 옳지 않은 것은?

① 정당한 사유 없이 여객의 승차를 거부하거나 여객을 중도에 내리게 하는 행위를 하여서는 안 된다.
② 정당한 운임 또는 요금을 받아서는 안 된다.
③ 일정한 장소에 오랜 시간 정차하여 여객을 유치하는 행위를 하면 안 된다.
④ 문을 완전히 닫지 아니한 상태에서 자동차를 출발시키거나 운행하여서는 안 된다.

》 **Advice** ② 부당한 운임 또는 요금을 받아서는 안 된다.

40 자동차의 운행 중 중대한 고장을 발견하거나 사고가 발생할 우려가 있다고 인정될 경우에는 어떻게 하여야 하는가?

① 교대 운전자에게 알려준다.
② 운행을 중지하고 적절한 조치를 취한다.
③ 운송사업자에게 알려준다.
④ 관할관청에 신고한다.

》 **Advice** 자동차의 운행 중 중대한 고장을 발견하거나 사고가 발생할 우려가 있다고 인정될 때에는 즉시 운행을 중지하고 적절한 조치를 해야 한다.

41 다음 중 운수종사자가 해서는 안 될 행동은?

① 적합한 운임을 받은 경우
② 승객이 원하여 중도에 하차한 경우
③ 문을 완전히 닫은 후 출발한 경우
④ 손님을 유치하는 경우

≫ **Advice** 일정한 장소에서 오랜 시간 정차하여 여객을 유치하는 행위를 하면 안 된다.

42 제한된 도로공간에서 많은 운전자가 안전한 운전을 하기 위해서는 운전자의 무엇이 재고되어야 하는가?

① 소명의식   ② 질서의식
③ 천직의식   ④ 직분의식

≫ **Advice** 제한된 노로공산에서 많은 운전자가 안진한 운진을 하기 위해서는 운전자의 질서의식이 제고되어야 한다.

43 타인도 쾌적하고 자신도 쾌적한 운전을 하기 위해서 모든 운전자가 갖추어야 할 의식은?

① 교통질서   ② 법규준수
③ 소명의식   ④ 차량지식

≫ **Advice** 타인도 쾌적하고 자신도 쾌적한 운전을 하기 위해서는 모든 운전자가 교통질서를 준수하여야 한다.

44 사람의 생명은 이 세상 다른 무엇보다도 존귀하고 소중하며, 안전운행을 통해 인명손실을 예방할 수 있다는 사명은?

① 나부터 건강해야 타인도 건강
② 타인의 생명도 내 생명처럼 존중
③ 안전벨트는 생명벨트
④ 하나뿐인 소중한 내 생명

≫ **Advice** 타인의 생명도 내 생명처럼 존중 … 사람의 생명은 이 세상 다른 무엇보다도 존귀하고 소중하며, 안전운행을 통해 인명손실을 예방할 수 있다.

45 운전자가 가져야 할 기본자세에 해당하지 않는 것은?

① 교통법규 이해와 준수
② 여유 있는 과속운전
③ 추측운전 금지
④ 운전기술 과신은 금물

≫ **Advice** 운전자가 가져야 할 기본자세
　ㄱ 교통법규 이해와 준수
　ㄴ 여유 있는 양보운전
　ㄷ 주의력 집중
　ㄹ 심신상태 안정
　ㅁ 추측운전 금지
　ㅂ 운전기술 과신은 금물
　ㅅ 배출가스로 인한 대기오염 및 소음공해 최소화 노력

46 후천적으로 형성되는 조건반사 현상으로 무의식중에 어떤 것을 반복적으로 행할 때 자신도 모르게 생활화된 행동으로 나타나는 것을 무엇이라 하는가?

① 사명   ② 인성
③ 습관   ④ 예절

≫ **Advice** 어떤 행위를 오랫동안 되풀이하는 과정에서 저절로 익혀진 것을 습관이라 한다.

47 운전자가 지켜야 할 행동으로 옳지 않은 것은?

① 횡단보도에서의 올바른 행동
② 튜닝의 올바른 사용
③ 차로변경에서의 올바른 행동
④ 교차로를 통과할 때의 올바른 행동

≫ **Advice** 운전자가 지켜야 하는 행동
　ㄱ 횡단보도에서의 올바른 행동
　ㄴ 전조등의 올바른 사용
　ㄷ 차로변경에서의 올바른 행동
　ㄹ 교차로를 통과할 때의 올바른 행동

48 운전자가 삼가야 할 행동으로 틀린 것은?

① 지그재그 운전으로 다른 운전자를 불안하게 만드는 행동

② 저속으로 운행하다 정지신호에 브레이크를 밟는 행동

③ 운행 중 갑자기 끼어든 운전자에게 욕설을 하는 행동

④ 갓길로 통행하는 행동

> **Advice** 운전자가 삼가야 할 행동
> ㉠ 지그재그 운전으로 다른 운전자를 불안하게 만드는 행동은 하지 않는다.
> ㉡ 과속으로 운행하며 급브레이크를 밟는 행위를 하지 않는다.
> ㉢ 운행 중에 갑자기 끼어들거나 다른 운전자에게 욕설을 하지 않는다.
> ㉣ 도로상에서 사고가 발생한 경우 차량을 세워 둔 채로 시비, 다툼 등의 행위로 다른 차량의 통행을 방해하지 않는다.
> ㉤ 운행 중에 갑자기 오디오 볼륨을 크게 작동시켜 승객을 놀라게 하거나, 경음기 버튼을 작동시켜 다른 운전자를 놀라게 하지 않는다.
> ㉥ 교통 경찰관이 단속에 불응하거나 항의하는 행위를 하지 않는다.
> ㉦ 신호등이 바뀌기 전에 빨리 출발하라고 전조등을 깜빡이거나 경음기로 재촉하는 행위를 하지 않는다.
> ㉧ 갓길로 통행하지 않는다.

49 교통관련 법규 및 안전관리 규정 준수에 대한 내용으로 틀린 것은?

① 승차 지시된 운전자 이외의 타인에게 대리운전을 금지한다.

② 철길건널목에서는 횡단 및 주차를 금지한다.

③ 자동차 전용도로, 급한 경사길 등에서는 주·정차를 금지한다.

④ 차의 내·외부를 청결하게 관리하여 쾌적한 운행환경을 유지한다.

> **Advice** 철길건널목에서는 일시정지 준수 및 정차를 금지한다.

50 운수종사자의 운행 전 준비단계에 해당하지 않는 것은?

① 차 내·외부를 항상 청결하게 유지한다.

② 용모 및 복장을 단정하게 한다.

③ 일상점검을 철저히 하고 이상이 발견되면 즉시 귀가한다.

④ 배차사항 및 전달사항 등을 확인한 후 운행하도록 한다.

> **Advice** 운행 전 일상점검을 철저히 하고 이상이 발견되면 관리자에게 즉시 보고하여 조치 받은 후 운행한다.

51 운수종사자가 운행 중 주의해야 할 사항으로 적절하지 못한 것은?

① 출발할 때에는 차량주변의 보행자, 승·하차자 및 노상취객 등을 확인한 후 안전하게 운행한다.

② 보행자, 이륜차, 자전거 등과 교행, 병진할 때에는 서행하며 안전거리를 유지하면서 운행한다.

③ 후진할 때에는 유도요원을 배치하여 수신호에 따라 안전하게 후진한다.

④ 뒤따라오는 차량이 추월하는 경우에는 가속을 통한 방어 운전을 한다.

> **Advice** 뒤따라오는 차량이 추월하는 경우에는 감속 등을 통한 양보 운전을 한다.

52 교통사고에 따른 조치사항으로 옳지 않은 것은?

① 도로교통법령에 따라 현장에서의 인명구조, 관할 경찰서 신고 등의 의무를 성실히 이행한다.

② 임의로 처리하지 않고 사고발생 경위를 육하원칙에 따라 거짓 없이 정확하게 회사에 보고한다.

③ 사고처리 결과에 대해 개인적으로 통보를 받았을 때에는 개인적으로 조치를 취한다.

④ 다른 운전자에게 피해를 주지 않도록 조치를 취하고 경찰관의 지시에 따른다.

> **Advice** 사고처리 결과에 대해 개인적으로 통보를 받았을 때에는 회사에 보고한 후 회사의 지시에 따라 조치하도록 한다.

53 교통사고조사규칙에 따른 대형사고에 대한 내용으로 적합한 것은?

① 10명 이상의 사상자가 발생한 사고
② 2명 이상이 사망하거나 10명 이상의 사상자가 발생한 사고
③ 3명 이상이 사망하거나 20명 이상의 사상자가 발생한 사고
④ 1명 이상이 사망하거나 15명 이상의 사상자가 발생한 사고

>> **Advice** 교통사고조사규칙에 따른 대형사고란 다음과 같은 사고를 말한다.
ⓖ 3명 이상이 사망(교통사고 발생일로부터 30일 이내에 사망한 것)
ⓛ 20명 이상의 사상자가 발생한 사고

54 여객자동차 운수사업법에 따른 중대한 교통사고에 해당하지 않는 것은?

① 전복사고
② 화재가 발생한 사고
③ 사망자 2명 이상 발생한 사고
④ 사망자 1명과 중상자 1명 이상이 발생한 사고

>> **Advice** 여객자동차 운수사업법에 따른 중대한 교통사고는 다음과 같은 사고를 말한다.
ⓖ 전복사고
ⓛ 화재가 발생한 사고
ⓒ 사망자 2명 이상 발생한 사고
ⓔ 사망자 1명과 중상자 3명 이상이 발생한 사고
ⓜ 중상자 6명 이상이 발생한 사고

55 다음 중 추돌사고에 대한 설명으로 적합한 것은?

① 차가 반대방향 또는 측방에서 진입하여 그 차의 정면으로 다른 차의 정면 또는 측면을 충격한 것
② 2대 이상의 차가 동일방향으로 주행 중 뒤차가 앞차의 후면을 충격한 것
③ 차가 추월, 교행 등을 하려다가 차의 좌우측면을 서로 스친 것
④ 차가 주행 중 도로 또는 도로 이외의 장소에 뒤집혀 넘어진 것

>> **Advice** ① 충돌사고
③ 접촉사고
④ 전복사고

56 차가 주행 중 도로 또는 도로 이외의 장소에 차체의 측면이 지면에 접하고 있는 상태를 의미하는 용어는?

① 전복사고
② 전도사고
③ 추락사고
④ 접촉사고

>> **Advice** 전도사고 … 차가 주행 중 도로 또는 도로 이외의 장소에 차체의 측면이 지면에 접하고 있는 상태(좌측면이 지면에 접해 있으면 좌전도, 우측면이 지면에 접해 있으면 우전도)를 말한다.

57 자동차가 도로의 절벽 등 높은 곳에서 떨어진 사고를 무엇이라 하는가?

① 전복사고
② 전도사고
③ 추락사고
④ 추돌사고

>> **Advice** 추락사고 … 자동차가 도로의 절벽 등 높은 곳에서 떨어진 사고를 말한다.

58 자동차에 사람이 승차하지 아니하고 물품을 적재하지 아니한 상태로서 연료·냉각수 및 윤활유를 만재하고 예비타이어를 설치하여 운행할 수 있는 상태를 의미하는 용어는?

① 공차상태
② 차량중량
③ 적차상태
④ 차량총중량

>> **Advice** ② 공차상태의 자동차 중량을 말한다.
③ 공차상태의 자동차에 승차정원의 인원이 승차하고 최대적재량의 물품이 적재된 상태를 말한다.
④ 적차상태의 자동차의 중량을 말한다.

59 자동차에 승차할 수 있도록 허용된 최대인원을 의미하는 용어는?

① 차량중량
② 공차중량
③ 승차정원
④ 차량총중량

》**Advice** 승차정원은 자동차에 승차할 수 있도록 허용된 최대인원(운전자 포함)을 말한다.

60 교통사고 현장에서의 상황별 안전조치에 대한 성격이 다른 것은?

① 짧은 시간에 사고 정보를 수집하여 침착하고 신속하게 상황을 파악한다.
② 구조를 도와줄 사람이 주변에 있는지 파악한다.
③ 사고위치에 노면표시를 한 후 도로 가장자리로 자동차를 이동시킨다.
④ 생명이 위독한 환자가 누구인지 파악한다.

》**Advice** ①②④ 교통사고 상황파악
③ 사고현장의 안전관리

61 교통사고 현장에서의 원인조사 중 흔적조사에 대한 설명으로 틀린 것은?

① 스키드마크, 요마크, 프린트자국 등 타이어자국의 위치 및 방향을 조사한다.
② 충돌 충격에 의한 차량파손품의 위치 및 방향을 조사한다.
③ 피해자의 유류품 및 혈흔자국을 조사한다.
④ 사고지점 부근의 가로등, 가로수, 전신주 등의 시설물 위치를 조사한다.

》**Advice** ④ 사고현장 시설물조사에 해당한다.

62 사고차량의 손상부위 정도 및 손상방향, 사고차량에 묻은 흔적, 마찰, 찰과흔, 사고차량의 위치 및 방향 등을 조사하는 것을 무엇이라 하는가?

① 사고당사자 및 목격자조사
② 사고차량 및 피해자조사
③ 노면에 나타난 흔적조사
④ 사고현장 시설물조사

》**Advice** 사고차량 및 피해자조사
㉠ 사고차량의 손상부위 정도 및 손상방향
㉡ 사고차량에 묻은 흔적, 마찰, 찰과흔
㉢ 사고차량의 위치 및 방향
㉣ 피해자의 상처 부위 및 정도
㉤ 피해자의 위치 및 방향

63 교통사고 현장에서의 사고현장 측정 및 사진촬영에 대한 내용으로 옳지 않은 것은?

① 사고지점 부근의 도로선형(평면 및 교차로 등)
② 사고지점의 위치
③ 사고현장, 사고차량, 물리적 흔적 등에 대한 사진촬영
④ 사고차량에 묻은 흔적, 마찰, 찰과흔

》**Advice** ④ 사고차량 및 피해자조사에 해당한다.

64 승객들이 주로 갖는 불만사항으로 보기 힘든 것은?

① 난폭 및 과속운전을 한다.
② 차량의 청소상태가 불량하거나 냄새가 난다.
③ 시간이 많이 정체되고 길을 잘 모르면 돌아가는 경우가 있다.
④ 정류소에서 내려주지 않는다.

》**Advice** 택시는 버스가 아니므로 정류소에서 정차하지 않아도 되며 승객의 편의를 위해 승객이 원하는 곳에 하차한다.

65 택시에서 발생하기 쉬운 사고유형에 대한 내용으로 옳지 않은 것은?

① 불특정인을 대상으로 수송하며, 운행거리와 운행시간이 불규칙하거나 타 차량에 비해 길어 사고 발생확률이 높다.

② 사고의 대부분은 사람과 관련되어 발생하며, 주된 사고는 승하차나 급정거로 인해 발생한다.

③ 사고는 주로 도로, 교차로 부근, 횡단보도 부근, 이면도로 등에서 많이 발생한다.

④ 출발시 승객에게 목적지를 말하고 출발하면 사고를 면할 수 있다.

> **Advice** 택시에서 발생하기 쉬운 사고유형과 대책
> ㉠ 불특정인을 대상으로 수송하며, 운행거리와 운행시간이 불규칙하거나 타 차량에 비해 길어 사고발생확률이 높다.
> ㉡ 사고의 대부분은 사람과 관련되어 발생하며, 주된 사고는 승하차나 급정거로 인해 발생한다.
> ㉢ 사고는 주로 도로, 교차로 부근, 횡단보도 부근, 이면도로 등에서 많이 발생한다.
> ㉣ 급출발이나 급정거를 하지 않도록 하며, 승객의 위치나 보행자의 위치를 정확히 파악한 후 운행하면 사고를 방지할 수 있다.

66 도로를 운전하는 운전자가 지켜야 할 운전예절로 볼 수 없는 것은?

① 횡단보도에서는 보행자가 먼저 지나가도록 일시 정지히여 보행자를 보호하는데 앞장서고 정지선을 반드시 지키도록 한다.

② 교차로나 좁은 길에서 마주 오는 차끼리 만나면 먼저 가도록 양보해 주고 전조등은 끄거나 하향으로 하여 상대방 운전자의 눈이 부시지 않도록 한다.

③ 방향지시등을 켜고 끼어들려고 할 때에는 눈인사를 하면서 양보해 주는 여유를 가지며, 이웃 운전자에게 도움이나 양보를 받았을 때에는 정중하게 손을 들어 답례한다.

④ 도로상에서 고장차량을 발견하였을 때에는 즉시 경찰에 신고하고 그 자리를 빠르게 통과하도록 한다.

> **Advice** 도로상에서 고장차량을 발견하였을 때에는 즉시 서로 도와 길 가장자리 구역으로 유도하여야 한다.

67 운송서비스에서 대고객서비스의 수준을 높이는 일선 근무자는 누구인가?

① 상담원

② 운전자

③ 대표자

④ 중개인

> **Advice** 운송서비스에서 대고객서비스 수준을 높이는 일선 근무자는 바로 운전자이다. 고객을 상대하여 고객만족의 고지를 점령할 사람이 바로 고객과 직접 접촉하는 최일선의 현장직원인 운전자라 할 수 있다.

68 고객만족을 위한 서비스 품질의 분류에 해당하지 않는 것은?

① 상품품질

② 영업품질

③ 가격품질

④ 서비스품질

> **Advice** 고객만족을 위한 서비스 품질의 분류
> ㉠ 상품품질
> ㉡ 영업품질
> ㉢ 서비스품질

69 고객이 서비스 품질을 평가하는 요인을 보기 어려운 것은?

① 신뢰성

② 비공개성

③ 커뮤니케이션

④ 신용도

> **Advice** 고객이 서비스 품질을 평가하는 요인
> ㉠ 신뢰성
> ㉡ 신속성
> ㉢ 정확성
> ㉣ 편의성
> ㉤ 태도
> ㉥ 커뮤니케이션
> ㉦ 신용도
> ㉧ 안전성
> ㉨ 이해도
> ㉩ 환경

70 언어예절 중 대화시 유의사항으로 적절하지 못한 것은?

① 쉽게 흥분하거나 감정에 치우쳐서는 안 된다.
② 일부분을 보고 전체를 속단하여 말하지 않는다.
③ 욕설, 독설, 험담은 삼가도록 한다.
④ 매사 침묵으로 일관하도록 한다.

》**Advice** 매사 침묵으로 일관하는 것은 언어예절에 어긋나는 행동이다.

71 다음 중 "감사합니다."를 표현한 외국어로 옳지 않은 것은?

① Thank you.
　(땡큐)
② ありがとうございます.
　(아리가또 고자이마스)
③ 谢谢您.
　(셰셰 닌)
④ 圣诞快乐.
　(셩딴 콰일러)

》**Advice** ④ 중국어로 '메리 크리스마스'를 의미한다.

72 다음 중 "반갑습니다."를 일본어로 바르게 표현한 것은?

① こんにちは.
　(곤니찌와)
② 初めまして. どうぞよろしく.
　(하지메마시테. 도-조 요로시쿠)
③ ありがとうございます.
　(아리가토-고자이마스)
④ さようなら. また明日.
　(사요-나라. 마타 아시타)

》**Advice** ① 안녕하세요.
　　　　③ 감사합니다.
　　　　④ 안녕히 가십시오.

73 다음 중 "안녕히 가십시오."를 중국어로 바르게 표현한 것은?

① 您好!
　(닌 하오)
② 您好. 见到您很高兴.
　(닌 하오, 젠따오 닌 헌 까오싱)
③ 谢谢您.
　(셰셰 닌)
④ 再见. 明天见.
　(짜이젠, 밍텐 젠)

》**Advice** ① 안녕하세요.
　　　　② 반갑습니다.
　　　　③ 감사합니다.

74 다음 중 "반갑습니다."를 영어로 바르게 표현한 것은?

① Hello
　(헬로우)
② Hello?
　(헬로우?)
③ Bye, see you tomorrow.
　(바이, 씨 유 투모로우)
④ Hello. Nice to meet you.
　(헬로우. 나이스 투 미츄)

》**Advice** ① 안녕하세요.
　　　　② 여보세요?
　　　　③ 안녕히 가십시오.

75 "어디까지 가십니까?"를 영어로 바르게 표현한 것은?

① Where are you going?

(웨어 아 유 고잉?)

② Where is the taxi stop?

(웨어 이즈 더 택시 스탑?)

③ Please stop here.

(플리즈 스탑 히어)

④ How long does it take to the airport?

(하우 롱 더즈 잇 테익 투 디 에어포트?)

> **Advice** ② 택시 승강장이 어디에 있습니까?
>
> ③ 여기에 세워주세요.
>
> ④ 공항까지 얼마나 걸리나요?

76 "어디에 내려드릴까요?"를 영어로 바르게 표현한 것은?

① How much is it?

(하우 머치 이즈 잇?)

② Do you have any change?

(두 유 햅 애니 체인지?)

③ Where can I drop you off?

(웨어 캔 아이 드랍 유 오프?)

④ Where can I take a taxi?

(웨어 캔 아이 테익 어 택시?)

> **Advice** ① 얼마에요?
>
> ② 잔돈 없으세요?
>
> ④ 어디서 택시를 탈 수 있나요?

77 "어디까지 가십니까?"를 일본어로 바르게 표현한 것은?

① そこに到着したら´私に知らせてくれますか.

(소코니 도-차쿠시타라 와타시니 시라세테 구레마스카?)

② 乗り過ごしてしまいました.

(노리스고시테 시마이마시타)

③ どうお過ごしですか.

(도-오스고시데스카?)

④ どちらまでですか.

(도치라마데데스카?)

78 "어디에 내려드릴까요?"를 일본어로 바르게 표현한 것은?

① がんばってください.

(간밧테 구다사이)

② どこで降りますか.

(도코데 오리마스카?)

③ これは何ですか.

(고레와 난데스카?)

④ いま´何時ですか.

(이마 난지데스카?)

> **Advice** ① 수고하세요.
>
> ③ 이건 뭐에요?
>
> ④ 지금 몇 시에요?

79 중국어로 "어디에 내려드릴까요?"를 바르게 표현한 것은?

① 今天几号?

(진텐 지 하오?)

② 外面天气怎么样?

(와이멘 텐치 쩐머양?)

③ 在哪儿给您停车?

(짜이 나얼 게이 닌 팅 처?)

④ 祝你生日快乐.

(주 니 성르 콰이러)

> **Advice** ① 오늘이 며칠이에요?
>
> ② 밖의 날씨가 어때요?
>
> ④ 생일 축하해요.

80 중국어로 "어디까지 가십니까?"를 바르게 표현한 것은?

① 您去哪儿?

(닌 취 나얼?)

② 过得怎么样?

(꿔 더 쩐머양?)

③ 您过得好吗?

(닌 꿔 더 하오 마?)

④ 现在几点了?

(셴짜이 지뎬 러?)

》 Advice ② 어떻게 지내세요?

③ 어떻게 지냈어요?

④ 지금 몇 시에요?

81 "길이 막히네요"를 중국어로 바르게 표현한 것은?

① 零钱不够.

(링첸 부꺼우)

② 路上堵车.

(루상 두처)

③ 麻烦您开快点.

(마판 닌 카이콰이 뎬)

④ 不好意思.

(뿌하오이쓰)

》 Advice ① 거스름돈이 모자랍니다.

③ 빨리 가 주세요.

④ 실례합니다.

82 중국어로 "여행 잘 하세요."를 바르게 표현한 것은?

① 您多保重.

(닌 둬 바오중)

② 祝您旅途愉快.

(주 닌 뤼투 위콰이)

③ 您辛苦.

(닌 신쿠)

④ 我很想见您.

(워 헌 샹 젠 닌)

》 Advice ① 잘 지내세요.

③ 수고하세요.

④ 만나 뵙고 싶었어요.

83 "여행 잘 하세요."를 영어로 바르게 표현한 것은?

① Take care of yourself.

(테익 케어 업 유어셀프)

② I'll be on my way.

(아일 비 온 마이 웨이)

③ Have a nice trip.

(햅 어 나이스 튜립)

④ Take care.

(테익 케어)

》 Advice ① 잘 지내세요.

② 먼저 들어갈게요.

④ 살펴 가세요.

84 "반갑습니다."를 중국어로 바르게 표현한 것은?

① 您好, 见到您很高兴.

(닌 하오, 젠따오 닌 헌 까오싱)

② 我身体很好.

(워 선티 헌 하오)

③ 您多保重.

(닌 둬 바오중)

④ 保持联系.

(바오츠 렌시)

》 Advice ② 저는 건강해요.

③ 잘 지내세요.

④ 계속 연락해요.

85 "길이 막히네요."를 일본어로 바르게 표현한 것은?

① 私わたしも元気げんきです.
(와타시모 겐키데스)

② お気をつけて.
(오키오츠케테)

③ ここに止めてください.
(고코니 도메테 구다사이)

④ 道が混みますね.
(미치가 고미마스네)

> Advice ① 저도 잘 지내고 있어요.
② 좋은 하루 보내세요.
③ 여기에 세워 주세요.

86 "길이 막히네요."를 영어로 바르게 표현한 것은?

① Drop me off anywhere around here.
(드랍 미 오프 애니웨어 어라운드 히어)

② Please take me to this address.
(플리즈 테익 미 투 디스 어드레스)

③ There is a traffic jam.
(데어 이즈 어 트래픽 쨈)

④ We'd like to order, please.
(윗 라익 투 오더, 플리즈)

> Advice ① 여기 아무 데서나 내려 주세요.
② 이 주소로 가 주세요.
④ 여기 주문 받아 주세요.

87 "여행 잘 하세요."를 일본어로 바르게 표현한 것은?

① お元気で.
(오겐키데)

② 楽しく旅行してください.
(다노시쿠 료코-시테 구다사이)

③ がんばってください.
(간밧테 구다사이)

④ お会いできて, うれしかったです.
(오아이데키테 우레시캇타데스)

> Advice ① 잘 지내세요.
③ 수고하세요.
④ (당신을) 알게 돼서 기뻤습니다.

88 "안녕히 가세요."를 일본어로 바르게 표현한 것은?

① 初めまして どうぞよろしく.
(하지메마시테. 도-조 요로시쿠)

② ありがとうございます.
(아리가토-고자이마스)

③ こんにちは.
(곤니찌와)

④ さようなら. また明日.
(사요-나라. 마타 아시타)

> Advice ① 반갑습니다.
② 감사합니다.
③ 안녕하세요.

89 "잔돈 없으세요?"를 영어로 바르게 표현한 것은?

① Do you have any change?
(두 유 햅 애니 체인지?)

② How much is it?
(하우 머치 이즈 잇?)

③ Where is your destination?
(웨어 이즈 유어 데스티네이션?)

④ Could I get a ride?
(쿠다이 겟 어 라이드?)

> Advice ② 얼마예요?
③ 어디까지 가십니까?
④ 태워 주세요.

90 "안전벨트를 매 주시겠어요."를 영어로 바르게 표현한 것은?

① Hop in, I'm going the same way.
(하핀, 아임 고잉 더 쎄임 웨이)

② I'll drive you to the station.
(아일 드라이브 유 투 더 스테이션)

③ Put on your seat belt.
(풋 온 유어 씨트 벨트)

④ This road is a dead end.
(디스 로우드 이즈 어 데드 엔드)

> Advice ① 같은 방향이니 타세요.
② 역까지 모셔다 드릴게요.
④ 이 길은 막다른 길이에요.

91 "How much is it?" (하우 머치 이즈 잇?)의 적절한 응답은?

① I'm short of change.
(아임 쇼트 업 체인지)

② The fare is way too much.
(더 페어 이즈 웨이 투 머치)

③ It's 50 dollars.
(잇츠 피프티 달러즈)

④ I don't think the fare is right.
(아이 돈 씽크 더 페어 이즈 라잇)

》 **Advice** 얼마에요?
① 거스름돈이 모자랍니다.
② 요금이 너무 많이 나왔어요.
④ 요금이 잘못된 것 같아요.

92 "What's holding it up?" (왓츠 홀딩 잇 업?)의 적절한 응답으로 옳은 것은?

① The traffic is really bad.
(더 트래픽 이즈 릴리 배드)

② I think they're doing some construction over there.
(아이 씽크 데어 두잉 썸 컨스트럭션 오버 데어)

③ You have to wear a seat belt even if you're in the back seat.
(유 햅 투 웨어 어 씨트 벨트 이븐 이프 유어 인 더 백 씨트)

④ We're in the wrong lane.
(위어 인 더 롱 레인)

》 **Advice** 무엇 때문에 막히는 건가요?
① 길이 막히네요.
② 저 앞에서 공사하는 것 같아요.
③ 여기는 뒷자리도 안전벨트를 매야 합니다.
④ 차선을 잘못 들었네요.

93 "How long will it take to get there?" (하우 롱 윌 잇 테익 투 겟 데어?)의 적절한 응답은?

① Go straight ahead.
(고우 스트레잇 어헤드)

② I'm going in the same direction. Let's go together.
(아임 고잉 인 더 쎄임 디렉션. 렛츠 고우 트게더)

③ The fare is too high for the distance.
(더 페어 이즈 투 하이 포 더 디스턴스)

④ It takes about 10 minutes by car.
(잇 테익스 어바웃 텐 미닛츠 바이 카)

》 **Advice** 거기까지 얼마나 걸리나요?
① 앞으로 곧장 걸어가세요.
② 저도 방향이 같아요. 같이 가요.
③ 거리에 비해 요금이 비싸요.
④ 차로 십 분 정도 걸려요.

94 "空港まで 料金はどのぐらいでしょうか." (구-코-마데 료-킨와 도노구라이데쇼-카?)의 적절한 응답은?

① おつりがたりません.
(오츠리가 다리마센)

② 5千円です.
(고센엔데스)

③ ここから5分の距離にあります.
(고코카라 고훈노 교리니 아리마스)

④ はい, お乗りください.
(하이, 오노리 구다사이)

》 **Advice** 공항까지 요금이 얼마나 될까요?
① 거스름돈이 모자랍니다.
② 오천 엔입니다.
③ 여기서 오 분 거리에 있어요.
④ 네, 타세요.

95 "택시 승강장이 어디에 있나요?"를 일본어로 바르게 표현한 것은?

① この住所がここですか.
(고노 주-쇼가 고코데스카?)

② タクシー乗り場はどこですか.
(타쿠시- 노리바와 도코데스카?)

③ どちらまでですか.
(도치라마데데스카?)

④ どこで降りますか.
(도코데 오리마스카?)

》 **Advice** ① 이 주소가 여기예요?
③ 어디까지 가십니까?
④ 어디에 내려 드릴까요?

96 택시에 승객이 탑승했을 경우 가장 먼저 해야 할 말로 적절한 것은?

① Where are you going?
(웨어 아 유 고잉?)

② Where can I drop you off?
(웨어 캔 아이 드랍 유 오프?)

③ Hello. Nice to meet you.
(헬로우. 나이스 투 미츄)

④ Do you mind if I smoke?
(두 유 마인드 이프 아이 스모크?)

》 **Advice** ① 어디까지 가십니까?
② 어디에 내려 드릴까요?
③ 안녕하세요. 만나서 반가워요.
④ 담배를 피워도 돼요?

97 "안전벨트를 매세요."를 일본어로 바르게 표현한 것은?

① 窓を少し開けてください.
(마도오 스코시 아케테 구다사이)

② シートベルトを締めてください.
(시-토베루토오 시메테 구다사이)

③ 駅までお送りします.
(에키마데 오-쿠리시마스)

④ ここに止めてください.
(고코니 도메테 구다사이)

》 **Advice** ① 창문 좀 내려 주세요.
③ 역까지 모셔다 드릴게요.
④ 여기에 세워 주세요.

98 "중국 사람입니까?"를 중국어로 바르게 표현한 것은?

① 您是中国人吗?
(닌 스 중궈런 마?)

② 您在哪儿住?
(닌 짜이 나얼 주?)

③ 您做什么工作?
(닌 쭤 선머 꿍쭤?)

④ 你家有几口人?
(니 쟈 여우 지 커우 런?)

》 **Advice** ② 어디에 사세요?
③ 무슨 일을 하세요?
④ 가족은 어떻게 되세요?

99 "怎么走最快?" (쩐머 쩌우 쭈이 콰이?)의 적절한 응답은?

① 这是相反的方向.

   (저 스 샹판 더 팡샹)

② 请在这儿停车.

   (칭 짜이 저얼 팅 처)

③ 坐出租车最快.

   (쭤 추쭈처 쭈이 콰이)

④ 麻烦您开快点.

   (마판 닌 카이콰이 덴)

≫ **Advice** 가장 빨리 가는 방법은 뭐예요?

   ① 반대 방향인데요.
   ② 여기에 세워 주세요.
   ③ 택시가 가장 빠르죠.
   ④ 빨리 가 주세요.

100 "어디서 택시를 탈 수 있나요?"를 일본어로 바르게 표현한 것은?

① どこでタクシーに乗れますか.

   (도코데 타쿠시-니 노레마스카?)

② 夜は 料金の割増があるんですか.

   (요루와 료-킨노 와리마시가 아룬데스카?)

③ それ どこにありますか.

   (소레 도코니 아리마스카?)

④ タクシー乗り場はどこですか.

   (타쿠시- 노리바와 도코데스카?)

≫ **Advice** ② 밤에는 요금을 더 내야 해요?
   ③ 그게 어디에 있지요?
   ④ 택시 승강장이 어디에 있어요?

응급처치법

1 교통사고가 발생하여 부상자의 의식 상태를 확인하려고 할 경우 행동으로 옳지 않은 것은?

① 말을 걸거나 팔을 꼬집어 눈동자를 확인한 후 의식이 있으면 말로 안심시킨다.
② 의식이 없다면 부상자의 기도를 확보하여야 한다.
③ 부상자가 의식이 없거나 구토할 때에는 목이 오물로 막혀 질식하지 않도록 옆으로 눕혀야 한다.
④ 목뼈 손상의 가능성이 있는 경우에는 옆으로 눕히고 허리를 받쳐 주어야 한다.

〉**Advice** 목뼈 손상의 가능성이 있는 경우에는 목 뒤쪽을 한 손으로 받쳐 주어야 한다.

2 교통사고 인하여 부상자가 발생하였을 경우 하지 말아야 할 행동은?

① 부상자의 상태를 확인한다.
② 부상자를 최대한 안심시킨다.
③ 부상자가 위급하면 기도를 확보하도록 한다.
④ 부상자가 의식이 없으면 몸을 흔들어 깨워야 한다.

〉**Advice** 환자의 몸을 심하게 흔드는 것은 금지행위이다.

3 의식이 없는 환자에게 가슴압박과 인공호흡을 통해 심폐소생술을 하려고 할 때 몇 회씩 반복하여야 하는가?

① 20회 가슴압박과 1회 인공호흡 반복 실시
② 20회 가슴압박과 2회 인공호흡 반복 실시
③ 30회 가슴압박과 2회 인공호흡 반복 실시
④ 30회 가슴압박과 1회 인공호흡 반복 실시

〉**Advice** 30회 가슴압박과 2회 인공호흡 반복 실시하도록 한다.

4 다음 중 부상자의 의식을 확인하기 위한 옳은 방법은?

① 양쪽 어깨를 두드리며 말을 건 뒤 반응을 확인한다.
② 발바닥을 두드리며 반응을 확인한다.
③ 팔을 꼬집어 반응을 확인한다.
④ 눈을 뒤집어 보아 동공의 상태를 확인한다.

〉**Advice** 의식을 확인하려면 환자의 양쪽 어깨를 가볍게 두드리며 "괜찮으세요?"라고 말한 후 반응을 확인하여야 한다.

5 인공호흡을 하는 방법으로 적당한 것은?

① 가슴이 충분히 올라올 정도로 1회 실시한다.
② 가슴이 충분히 올라올 정도로 2회 실시한다.
③ 가슴이 충분히 올라올 정도로 3회 실시한다.
④ 가슴이 충분히 올라올 정도로 4회 실시한다.

〉**Advice** 인공호흡은 가슴이 충분히 올라올 정도로 2회(1회당 1초간) 실시한다.

6 인공호흡 방법으로 옳지 않은 것은?

① 기도열기를 한 상태에서 이마에 얹은 손의 엄지와 검지로 코를 막는다.
② 환자의 입을 완전히 덮은 다음 2초 동안 가슴이 충분히 올라올 정도로 불어 넣는다.
③ 코를 막았던 손과 입을 떼었다가 다시 불어 넣는다.
④ 영아의 경우 입과 코를 한꺼번에 덮은 다음 1초 동안 가슴이 충분히 올라갈 정도로 불어 넣는다.

〉**Advice** ② 환자의 입을 완전히 덮은 다음 1초 동안 가슴이 충분히 올라올 정도로 불어 넣는다.

7 가슴압박 방법에 대한 설명으로 틀린 것은?

① 가슴중앙에 두 손을 올려놓는다.
② 팔을 곱게 펴서 바닥과 수직이 되도록 한다.
③ 4 ～ 5cm 깊이로 체중을 이용하여 압박과 이완을 반복한다.
④ 분당 60회 속도로 강하고 힘차게 압박한다.

≫ **Advice** 분당 100회 속도로 강하고 빠르게 압박한다.

8 심폐소생술에서 가슴압박은 분당 몇 회를 하여야 하는가?

① 60회　　　　　② 80회
③ 100회　　　　④ 120회

≫ **Advice** 분당 100회의 속도로 강하고 빠르게 압박하여야 한다.

9 심폐소생술을 위한 가슴압박을 하려고 할 때 두 손의 위치로 정확한 것은?

① 양쪽 젖꼭지 사이　② 가슴과 배 사이
③ 양쪽 갈비뼈 사이　④ 명치 아래 부분

≫ **Advice** 가슴중앙(양쪽 젖꼭지 사이)에 두 손을 올려놓는다.

10 영아에게 가슴압박 방법으로 심폐소생술을 실시할 경우 옳은 설명은?

① 가슴두께의 4 ～ 5cm 깊이로 압박과 이완을 반복한다.
② 가슴두께의 1/3 ～ 1/2 깊이로 압박과 이완을 반복한다.
③ 가슴두께의 2 ～ 3cm 깊이로 압박과 이완을 반복한다.
④ 가슴두께의 1/2 ～ 1 깊이로 압박과 이완을 반복한다.

≫ **Advice** 영아의 경우 가슴두께의 1/3 ～ 1/2 깊이로 압박과 이완을 반복한다.

11 소아의 가슴압박은 어떻게 실시하여야 하는가?

① 두 손으로 실시한다.
② 실시하지 않는다.
③ 한 손으로 실시한다.
④ 두 손가락으로 실시한다.

≫ **Advice** 1 ～ 8세인 소아의 가슴압박은 가급적 한 손으로 실시한다.

12 영아의 가슴압박은 어떻게 실시하여야 하는가?

① 두 손으로 실시한다.
② 한 손으로 실시한다.
③ 한 손가락으로 실시한다.
④ 두 손가락으로 실시한다.

≫ **Advice** 영아의 가슴압박은 가슴중앙의 직하부에 두 손가락으로 실시한다.

13 출혈이 발생한 환자를 발견한 경우 응급처치방법으로 틀린 것은?

① 출혈이 심하다면 출혈부위보다 심장에 가까운 부위를 헝겊 또는 손수건 등으로 지혈될 때까지 꽉 잡아맨다.
② 출혈이 적을 때에는 거즈나 손수건으로 상처를 꽉 누른다.
③ 얼굴이 창백해지고 핏기가 사라지며 식은땀을 흘리고 호흡이 얕고 빨라지면 내출혈을 의심하여야 한다.
④ 내출혈로 의심되는 경우 부상자가 춥지 않게 모포 등으로 덮어주고 햇볕을 쬐도록 한다.

≫ **Advice** 내출혈로 의심되는 환자의 경우 춥지 않도록 모포 등을 덮어주지만, 햇볕을 직접 쬐지 않도록 하여야 한다.

14 골절 부상자가 발생한 경우 응급처치방법으로 가장 적당한 것은?

① 지혈이 필요하면 손수건으로 눌러 지혈을 하도록 한다.

② 팔이 골절되었다면 헝겊으로 띠를 만들어 팔을 매단다.

③ 다리가 골절되었다면 헝겊으로 띠를 만들어 어깨에 매단다.

④ 구급차가 올 때까지 기다린다.

》 **Advice** 골절 부상자를 잘못 다루면 오히려 더 위험해질 수 있으므로 구급차가 올 때까지 가급적 기다리는 것이 바람직하다.

15 자동차를 타면 어지럽고 속이 매스꺼우며 토하는 증상을 무엇이라 하는가?

① 불안   ② 멀미
③ 강박   ④ 공황장애

》 **Advice** 자동차를 타면 어지럽고 속이 메스꺼우며 토하는 증상이 나타나는 것을 멀미라고 한다.

16 차멀미의 증상으로 볼 수 없는 것은?

① 안색이 창백해진다.
② 사지가 차가워진다.
③ 갑자기 피곤해진다.
④ 속이 메스껍다.

》 **Advice** 차멀미는 심한 경우 갑자기 쓰러지고 안색이 창백하며 사지가 차가우면서 땀이 나는 허탈증상이 나타나기도 하나 일반적으로 어지럽고 속이 메스꺼우며 토를 한다.

17 차멀미 승객을 위한 대책으로 보기 어려운 것은?

① 통풍이 잘되고 비교적 흔들림이 적은 뒷자석에 앉도록 한다.

② 휴게소 및 안전하게 정차할 수 있는 곳에서 내려 시원한 공기를 마시도록 한다.

③ 토할 경우를 대비하여 위생봉지를 준비하도록 한다.

④ 승객이 토를 한 경우 신속하게 처리하도록 한다.

》 **Advice** 멀미 환자의 경우 통풍이 잘 되고 비교적 흔들림이 적은 조수석에 앉도록 하는 게 좋다.

18 차멀미 승객을 위해 운수종사자가 준비할 수 있는 것은?

① 멀미약   ② 음료수
③ 위생봉지   ④ 손수건

》 **Advice** 차멀미 승객이 토할 경우를 대비하여 운수종사자는 위생봉지를 준비하여야 한다.

19 교통사고가 발생하였을 경우 운전자가 가장 중요하게 처리하여야 하는 것은?

① 사고피해의 정도를 조사하는 것
② 2차 사고의 방지를 위한 조치를 하는 것
③ 상대방의 과실이 어느 정도인지 파악하는 것
④ 차량의 피해 사실을 연락하는 것

》 **Advice** 교통사고가 발생했을 때 운전자는 무엇보다도 사고피해를 최소화 하는 것과 제2차 사고 방지를 위한 조치를 우선적으로 취해야 한다.

20 교통사고발생시 운전자가 취할 조치과정을 바르게 나열한 것은?

① 탈출 → 후방방호 → 인명구조 → 연락 → 대기
② 탈출 → 인명구조 → 후방방호 → 대기 → 연락
③ 탈출 → 인명구조 → 후방방호 → 연락 → 대기
④ 탈출 → 인명구조 → 연락 → 후방방호 → 대기

》 **Advice** 교통사고 발생시 운전자가 취할 조치과정 … 탈출 → 인명구조 → 후방방호 → 연락 → 대기

21 심장정지가 몇 분 이하이면 환자를 90% 이상 살릴 수 있는가?

① 1분   ② 2분
③ 3분   ④ 5분

》 **Advice** 3분의 심장정지는 90% 이상 살릴 수 있다. 심장마비 발생 환자 중 가슴압박 등 기초적인 심폐소생술을 받은 환자는 살아서 퇴원하고, 아무런 조치 없이 병원에 실려 온 환자는 거의 사망하고 있다.

22 택시 운송종사자에게 발생할 수 있는 직업병 중 전립선 질환의 발생원인으로 보기 어려운 것은?

① 단기간 앉아 있는 자세로 허리에 무리가 발생
② 장시간 소변을 참아 생식기에 무리 발생
③ 계속되는 스트레스와 긴장상태로 인한 경직현상 발생
④ 배뇨기능 말초신경 전달체계 이상 발생

》 **Advice** 장기간 앉아 있는 자세로 전립선에 압박을 가하여 혈액 순환장애로 전립선의 신진대사가 원활하게 이루어지지 않아 발생한다.

23 장시간 운전을 하는 택시기사에게 볼 수 없는 직업병은?

① 척추피로증후군　　② 치질
③ 손목터널증후군　　④ 전립선 질환

》 **Advice** ③ 손목터널증후군은 장시간 동안 키보드와 마우스의 사용으로 인해 사무직 직장인의 손가락, 손바닥 부위가 저리고 통증이 느껴지며 악화되면 통증으로 잠을 이룰 수 없게 된다.

24 택시기사의 직업병을 예방하기 위한 방법으로 틀린 것은?

① 운전하는 틈틈이 가그린이나 양치질을 해서 오염물질을 헹구어내는 것이 좋다.
② 가끔 차에서 내려 다리운동과 가벼운 스트레칭을 하여야 한다.
③ 소변을 오래 참는 습관을 기르는 것이 가장 좋다.
④ 1시간 정도 일하고 10분 정도 쉬는 것이 좋다.

》 **Advice** 전립선염을 예방하려면 가끔씩 차에서 내려 다리운동과 가벼운 스트레칭을 하는 것이 좋으며, 소변을 참지 않는 습관을 기르는 것이 가장 좋다.

25 의자에 오래 앉아 있을 경우 허리주변 통증과 피로감을 동반하는 증상은?

① 척추피로증후군　　② 항문 질환
③ 전립선 질환　　　　④ 백혈병

》 **Advice** 긴 시간동안 그 좁은 좌석에서 움직임 없이 오랫동안 있으면 허리, 어깨, 목 등에 무리가 가는 증상으로 척추피로증후군이라 한다.

26 응급상황 발생시 인명구조 요령으로 유의해야 할 사항으로 틀린 것은?

① 승객이나 동승자가 있는 경우 적절한 유도로 승객의 혼란방지에 노력한다.
② 인명구출 시 부상자, 노인, 남성, 어린이, 부녀자의 순으로 구조한다.
③ 정차위치가 차도인 경우 신속히 도로 밖의 안전장소로 유도하도록 한다.
④ 부상자가 있을 경우에는 우선적으로 응급조치를 하도록 한다.

》 **Advice** 인명구출 시 부상자, 노인, 어린이 및 부녀자 등 노약자를 우선적으로 구조한다.

27 교통사고 발생시 보험회사나 경찰 등에 연락해서 알려야 할 사항으로 적절하지 못한 것은?

① 사고발생지점 및 상태
② 부상 정도 및 부상자 수
③ 연료 유출여부
④ 연락자 회사명

》 **Advice** 보험회사나 경찰 등에 알려야 할 사항
　㉠ 사고발생지점 및 상태
　㉡ 부상 정도 및 부상자 수
　㉢ 회사명
　㉣ 운전자 성명
　㉤ 우편물, 신문, 여객의 휴대 화물의 상태
　㉥ 연료 유출여부

답 》 14.④　15.②　16.③　17.①　18.③　19.②　20.③　21.③　22.①　23.③　24.③　25.①　26.②　27.④

28 고장 발생 시 운전자가 취해야 할 조치사항으로 틀린 것은?

① 정차 차량의 결함이 심할 경우 비상등 점멸 후 하차하여 뒤 차에게 수신호
② 차량 하차 시 옆 차로의 차량 주행상황 확인 후 하차
③ 야간에는 밝은 색이나 야광이 되는 복장 착용 유리
④ 비상주차대에 정차 시 차량의 주행에 지장이 없도록 정차

〉 Advice 정차 차량의 결함이 심할 때에는 비상등을 점멸하면서 갓길에 바짝 차를 대어 정차한다.

29 교통사고 발생 시 응급처치의 순서로 옳은 것은?

① 부상자의 이동→부상자의 관찰→부상자의 체위관리→부상상태에 따른 응급처치
② 부상자의 관찰→부상자의 이동→부상자의 체위관리→부상상태에 따른 응급처치
③ 부상자의 이동→부상자의 체위관리→부상자의 관찰→부상상태에 따른 응급처치
④ 부상자의 이동→부상상태에 따른 응급처치→부상자의 관찰→부상자의 체위관리

〉 Advice 응급처치는 부상자의 이동→부상자의 관찰→부상자의 체위관리→부상상태에 따른 응급처치의 순서로 실시하여야 한다.

30 교통사고를 일으키고 뺑소니 한 경우 피해자가 사망한 경우 처벌기준은?

① 1년 이하의 유기징역
② 1년 이상의 유기징역
③ 3년 이상의 유기징역
④ 무기 또는 5년 이상의 유기징역

〉 Advice 교통사고를 일으키고 뺑소니 한 때에는 특정범죄가중처벌에 관한 법률을 적용하여 피해자가 사망 시에는 무기 또는 5년 이상의 유기징역, 부상 시에는 1년 이상의 유기징역을 받게 된다.

31 다음 중 사고 운전자가 반드시 취해야 할 준수사항 중 가장 중요한 의무는?

① 사고차량 이동   ② 보험회사 연락
③ 부상자 구호   ④ 안전삼각대 설치

〉 Advice 부상자 구호의무는 사고 운전자가 반드시 취해야 할 준수사항 중 가장 중요한 의무이다.

32 다음 중 기도의 확보가 필요한 경우가 아닌 것은?

① 의식장애가 있는 경우
② 호흡이 정지된 경우
③ 숨은 쉬나 이상한 소리가 들리는 경우
④ 가슴의 움직임이 없는 경우

〉 Advice 기도의 확보가 필요한 경우
　　㉠ 의식장애가 있는 경우
　　㉡ 호흡이 정지된 경우
　　㉢ 숨은 쉬나 가슴의 움직임이 부자연스럽거나 이상한 소리가 들리는 경우

33 심장 마사지를 하여야 하는 시기는?

① 인공호흡을 실시한 후
② 인공호흡을 실시하기 전
③ 기도를 확보하기 전
④ 맥박이 뛰지 않는 즉시

〉 Advice 심장 마사지는 의식이 없고 호흡을 하지 않는 부상자에 대한 인공호흡을 실시하기 전 또는 실시 중에 맥박을 확인하여 맥박이 뛰지 않는 즉시 심장 마사지를 실시하여야 한다.

34 다음 중 지혈법으로 볼 수 없는 것은?

① 직접 압박지혈법   ② 간접 압박지혈법
③ 지혈대법   ④ 지혈외법

〉 Advice 지혈법의 종류
　　㉠ 직접 압박지혈법
　　㉡ 간접 압박지혈법
　　㉢ 지혈대법

35 관절을 둘러싸고 있는 혈관, 인대, 건이 늘어났거나 찢어진 것을 무엇이라 하는가?

① 골절　　　　　　② 탈구
③ 염좌　　　　　　④ 출혈

〉 **Advice** 탈구는 관절과 그것을 둘러싸고 있는 인대의 상처를 말한다.

36 다음 중 창상의 종류가 아닌 것은?

① 찰과상　　　　　② 탈상
③ 열상　　　　　　④ 자창

〉 **Advice** 창상의 종류
　　㉠ 찰과상
　　㉡ 절상
　　㉢ 열상
　　㉣ 자창

37 피부의 점막이 심하게 마찰되었든지 또는 몹시 긁혀 생기는 상처는?

① 찰과상　　　　　② 절상
③ 열상　　　　　　④ 자창

〉 **Advice** 찰과상 … 넘어지거나 긁히는 등의 마찰에 의하여 피부 표면에 입는 수평적으로 생기는 외상으로, 쉽게 말하면 긁힌 상처를 말한다. 손상된 피부가 깨끗하지 않고, 다양한 깊이로 손상을 얻고 표피의 손실을 가져오는 상처이다.

38 날카로운 물체에 베인 것으로 심한 출혈이 있고 근육과 신경에 손상을 입히는 상처는?

① 찰과상　　　　　② 절상
③ 열상　　　　　　④ 자창

〉 **Advice** 절상 … 상처의 가장자리가 예리하게 절단되어 있고, 주위조직의 좌멸이 없다. 또한 혈관이 절단되면 다량의 출혈이 수반된다. 좌멸창과는 달리 상처의 가장자리를 합쳐두면 빨리 아문다. 상처의 주위를 옥시풀로 잘 닦고, 머조닌 · 머큐로크롬 등을 발라서 소독하여 화농균의 감염을 막는다. 상처에 거즈를 대고 얼마 동안 누르고 있으면 지혈된다.

39 응급처치의 정의에 대한 설명으로 옳지 않은 것은?

① 전문적인 의료행위를 받기 전에 이루어지는 처치
② 환자나 부상자의 보호를 통해 고통을 덜어주는 것
③ 즉각적이고, 임시적인 적절한 처치
④ 의약품을 사용하여 환자나 부상자를 치료하는 행위

〉 **Advice** ④ 의료행위에 해당한다.

40 재난발생 시 운전자의 조치사항으로 보기 어려운 것은?

① 운행 중 재난이 발생하면 신속하게 안전지대로 대피한 후 유관기관에 보고한다.
② 장기간 고립시에는 유류, 비상식량, 구급환자발생을 즉시 신고한다.
③ 폭설로 인해 운행이 불가능한 경우 응급환자 및 노약자를 우선적으로 대피시킨다.
④ 한국도로공사에 현재 위치를 알리고 도착 전까지 차외에서 안전하게 기다린다.

〉 **Advice** 재난 시 차내에 유류 확인 및 업체에 현재 위치를 알리고 도착 전까지 차내에서 안전하게 승객을 보호하며 기다려야 한다.

41 고장자동차의 표지는 고장자동차로부터 몇 미터 이내에 어디에 설치하여야 하는가?

① 고장 자동차로부터 100미터 이상의 앞쪽 도로상에 설치
② 고장 자동차로부터 100미터 이상의 뒤쪽 도로상에 설치
③ 고장 자동차로부터 30미터 이상의 앞쪽 도로상에 설치
④ 고장 자동차로부터 30미터 이상의 뒤쪽 도로상에 설치

〉 **Advice** 고장자동차의 표지는 낮의 경우 고장자동차로부터 100미터 이상의 뒤쪽 도로상에 설치한다.

42 응급처치 실시의 범위에 대한 내용으로 틀린 것은?

① 원칙적으로 의약품을 사용하지 않는다.
② 환자나 부상자에 대한 생사의 판정은 금물이다.
③ 전문 의료요원에 의한 처치이다.
④ 처치원 자신의 안전을 확보하여야 한다.

> **Advice** 응급처치 실시의 범위
　　㉠ 처치원 자신의 안전을 확보한다.
　　㉡ 환자나 부상자에 대한 생사의 판정은 하지 않는다.
　　㉢ 원칙적으로 의약품을 사용하지 않는다.
　　㉣ 어디까지나 응급처치로 그치고 그 다음은 전문 의료
　　　요원의 처치에 맡긴다.

43 다음 중 응급환자 구조의 원칙으로 옳지 않은 것은?

① 응급처치
② 응급환자 이송
③ 환자에게 안정감 제공
④ 사고처리

> **Advice** 응급환자 구조의 원칙
　　㉠ 응급상황 파악
　　㉡ 환자에게 안정감 제공
　　㉢ 응급처치
　　㉣ 응급환자 이송

44 응급상황 발생 시의 대응원칙으로 옳지 않은 것은?

① 모든 조치는 침착하고 신속하게 진행한다.
② 부상자의 위험 요소를 확인한다.
③ 스스로 모든 일을 처리해야 한다.
④ 상식적인 모든 지식을 동원하여 조치한다.

> **Advice** 너무 성급하게 하지 말고, 구급차가 현장에 도착할 때까지
　　연락을 유지하며 응급처치에 대한 조언을 받아 시행한
　　후 전문 의료요원의 처치에 맡기면 된다.

45 부상자의 기도 확보에 대한 설명으로 틀린 것은?

① 기도확보는 공기가 입과 코를 통해 폐에 도달할
　수 있는 통로를 확보하는 것이다.
② 기도에 이물질 또는 분비물이 있는 경우 이를 우
　선 제거해야 한다.

③ 의식이 없을 경우 머리를 뒤로 젖히고 턱을 끌어
　올려 목구멍을 넓힌다.
④ 엎드려 있을 경우에는 무리가 가지 않도록 그대
　로 둔 상태에서 등을 두드린다.

> **Advice** 기도를 확보하기 위해서는 머리를 뒤로 젖히고 입 안에
　　피나 토한 음식물 등이 목구멍을 막고 있으면 손가락으
　　로 긁어내야 한다.

46 다음 중 가장 먼저 응급처치를 해야 할 대상은?

① 어린이
② 임신한 산모
③ 나이든 어르신
④ 위독한 사람

> **Advice** 응급처치의 우선은 부상자의 구호이다.

47 다음 중 골절환자에 대한 응급처치 방법으로 옳은
것은?

① 심폐소생술 시술을 한다.
② 부목으로 골절 부위를 고정한다.
③ 조치 없이 바로 병원으로 후송한다.
④ 압박 붕대로 고정시킨다.

> **Advice** 골절환자의 응급처치는 다친 부위가 더 이상 움직이지
　　않도록 하는 것이다. 부목 등을 이용하여 묶어서 움직이
　　지 않도록 하는데 이 때 직접 처치를 하다가 무리하게
　　움직여 상태를 더욱 악화시킬 수 있으므로 구급차가 올
　　수 있는 곳에서는 움직이지 않고 응급 구조를 기다리도
　　록 하고 산속에서처럼 구급차가 올 수 없는 경우에는 응
　　급 처치를 하도록 하는 것이 좋다.

48 흉부에 받은 상처가 중증인 환자의 후송방법으로 알
맞은 것은?

① 환자의 출혈 부위를 낮게 하여 후송한다.
② 환자를 세운 상태로 부축하여 후송한다.
③ 엉키어 뭉친 핏덩어리가 있을 경우 이를 떼어내
　고 후송한다.
④ 환자를 옆으로 눕혀서 후송한다.

》 **Advice** 흉부에 받은 상처가 중증인 환자는 환자가 가장 편안한 자세로 흉부를 피해서 고정시켜 후송하여야 한다. 흉부를 고정하게 되면 호흡곤란을 야기할 수 있다.

49 일반적으로 인공호흡법이 필요한 사고의 유형이 아닌 것은?

① 익사사고　　　　② 가스중독사고

③ 신경마비사고　　④ 접촉사고

》 **Advice** 접촉사고의 경우 부상자의 상태에 따라 지혈, 골절, 탈구, 염좌 등에 관한 응급처치가 필요하다.

50 정상인의 일반적인 호흡횟수는 분당 얼마인가?

① 5 ~ 10회　　　　② 12 ~ 20회

③ 20 ~ 25회　　　④ 25 ~ 30회

》 **Advice** 사람의 일반적인 호흡횟수는 1분에 약 18회 정도이다.

51 심폐소생술의 일반적인 순서로 맞는 것은?

① 가슴압박 → 인공호흡 → 기도개방

② 인공호흡 → 기도개방 → 가슴압박

③ 기도개방 → 인공호흡 → 가슴압박

④ 인공호흡 → 가슴압박 → 기도개방

》 **Advice** 심폐소생술의 순서 … 기도확보 → 인공호흡 → 가슴압박(심장 마사지)

52 응급상황의 구조활동 중 최우선적으로 해야 할 일은?

① 구조와 육체적 고통의 부담

② 구조자의 안전

③ 재산의 보전

④ 차량손상 여부의 확인

》 **Advice** 응급 처치의 일반 원칙
　ⓐ 긴급 상황이라도 구조자의 안전에 주의
　ⓑ 신속, 침착, 질서 있게 대처
　ⓒ 긴급 환자부터 우선 처리
　ⓓ 의료 기관에 연락

53 교통사고로 인해 골절이 발생한 환자에 대한 응급처치 요령으로 틀린 것은?

① 쇼크를 받을 우려가 있으므로 이에 주의한다.

② 복합골절에 있어 출혈이 있으면 직접압박으로 출혈을 방지한다.

③ 골절 부위에 출혈이 심한 경우에는 지압법으로 지혈한다.

④ 환자를 부축하여 안전한 곳으로 이동시킨다.

》 **Advice** 골절의 경우 2가지로 구분할 수 있다. 첫째, 복합골절의 경우 단순 골절보다 상태가 더욱 심각한 것으로, 억지로 뼈를 안으로 밀어 넣으려고 하지 말고 가장 먼저 119에 신고를 해야 한다. 그 뒤, 출혈이 심하다면 골절 부위를 심장보다 높게 하고 깨끗한 거즈로 꽉 눌러 지혈을 한다. 또한 감염의 우려가 있으므로 손을 깨끗이 씻어야 하며, 부목을 대고 나서 붕대로 피가 통할 정도로 약하게 감는 게 좋다. 둘째, 단순골절의 경우 복합골절보단 양호한 편이지만, 한 번 더 삐끗하면 뼈가 살을 찢고 나올 수 있으므로 빨리 복합골절의 방식으로 부목을 대도록 한다.
골절환자의 머리나 목 또는 척추 골절의 의심되면 절대 환자를 움직이면 안 된다. 잘못 움직이면 전신 마비나 하반신 마비가 올 수 있기 때문이다.

54 대형사고 발생시 구급차 호출번호는 몇 번인가?

① 111　　　　② 112

③ 113　　　　④ 119

》 **Advice** 화재 · 구조 · 구급 · 재난신고 · 응급의료 · 병원 정보 등은 119에 전화해야 한다.

55 차량도난신고 전화번호는?

① 119　　　　② 112

③ 114　　　　④ 121

》 **Advice** 차량도난신고는 가까운 경찰서나 지구대 및 파출소에 하여야 한다.

56 교통사고로 인해 사망자와 부상자가 발생한 경우 먼저 취하야 할 행동으로 옳은 것은?

① 사망자의 시신 보존
② 경찰서에 신고
③ 부상자 구출
④ 보험회사에 연락

> **Advice** 교통사고로 인해 사망자와 부상자가 발생한 경우 가장 먼저 해야 할 행동은 부상자의 구호이다.

57 교통사고로 인한 부상자 발생시 가장 먼저 확인해야 할 사항은?

① 부상자의 의식 확인
② 부상자의 체온 확인
③ 부상자의 출혈 확인
④ 부상자의 호흡 확인

> **Advice** 부상자의 부상부위, 호흡상태, 출혈상태, 골절여부, 의식상태 등 위급여부를 관찰하여 응급순위에 따라 처치하여야 한다.

58 운전자가 장시간 운전을 할 경우 일반적으로 몇 시간마다 휴식 및 스트레칭을 하는 것이 좋은가?

① 1시간
② 2시간
③ 3시간
④ 4시간

> **Advice** 장시간 운전을 할 경우 2시간에 1번씩은 차를 세우고 가볍게 체조를 하거나 어깨, 목, 허리 등 천천히 마사지 하는 것이 좋다.

59 운전자가 차량의 일상점검을 실시하여야 하는 가장 적절한 시기는 언제인가?

① 도로 주행 후
② 운행 종료 후
③ 틈나는 대로
④ 운행 시작 전

> **Advice** 일상점검은 차량 운행 전 점검을 말한다.

60 교통사고 시 머리 부상으로 인한 쇼크 환자의 응급처치 방법으로 틀린 것은?

① 머리와 몸을 수평이 되게 눕힌다.
② 구강 대 구강 인공호흡 및 심폐소생술을 실시한다.
③ 20분 간격으로 생체징후를 계속적으로 측정해야 한다.
④ 폐와 위에 들어 있는 물을 제거해야 한다.

> **Advice** 최소 10분 간격으로 생체징후를 계속적으로 측정해야 한다.

61 탈구환자에 대한 응급처치 요령으로 틀린 것은?

① 탈구는 빠르고 정확한 처치가 되도록 한다.
② 찬 물수건 찜질을 하여 아픔과 붓는 것을 방지한다.
③ 탈구된 부위가 팔 또는 다리일 경우 견인 붕대로 받쳐 준다.
④ 의사가 오기 전에 탈구를 바로 잡아 응급처치를 한다.

> **Advice** 탈구라고 의심되면 이를 바로 잡으려 하지 말고 부상부위를 되도록 편안하게 한 상태에서 찬물찜질로 통증을 완화시키고 의사의 진료를 받도록 하여야 한다.

62 다음 중 운전으로 인해 발생하는 직업병으로 볼 수 없는 것은?

① 요통
② 피로 및 과로
③ 규폐증
④ 스트레스

> **Advice** 규폐증 … 광산 등과 같이 공기의 유통이 나쁜 곳에서 암석채굴작업에 종사하는 사람에게 생기는 직업병의 일종이다.

63 교통사고 발생시 처리요령으로 옳지 않은 행동은?

① 대인 사고 발생 시 즉시 정차하여 필요한 구호초
   지를 한다.
② 경찰관서에 사고 사실을 알리고 자리를 이탈한다.
③ 주변의 목격자를 확보하고 인적사항, 연락처 등
   을 입수한다.
④ 차량을 손괴한 경우 현장 표시 후 원활한 소통을
   위해 도로의 가장자리로 이동한다.

> Advice 교통사고 피해자가 통증을 호소하지 않고 부상이 경미했
더라도 운전자가 별다른 구호조치 없이 사고 현장을 떠
났다거나 피해자가 다친 사실을 알면서도 인적사항만 제
공하고 현장을 벗어났다면 특정범죄가중처벌에 관한 법
률상 가중처벌을 받는 뺑소니에 해당한다.

64 교통사고 발생 시 경찰관서에 신고할 경우 신고 내
용으로 옳지 않은 것은?

① 사고 일시
② 사고 장소
③ 대인, 대물 피해정도
④ 분실물

> Advice 교통사고 발생 시 경찰관서에 신고할 경우 신고 내용
   ㉠ 사고 일시
   ㉡ 사고 장소
   ㉢ 부상 정도 및 부상자 수
   ㉣ 대물 피해 정도
   ㉤ 운전자 성명

65 부상자의 얼굴이 창백할 경우 어떻게 조치를 취하야
하는가?

① 수평자세로 눕힌다.
② 하체를 높게 한다.
③ 머리를 옆으로 돌려준다.
④ 허리를 옆으로 눕힌다.

> Advice 부상자의 얼굴이 창백할 경우에는 하체를 높게 하여야
   한다.

PART

지리

대전광역시

1 KTX 대전역에서 대전 동구보건소에 이르는 길 사이에 있는 지하철역은?

① 갈마역
② 신흥역
③ 대전역
④ 대동역

》**Advice** KTX 대전역에서 동구보건소까지는 약 5km로 옥천로를 지나는 길에 대전 1호선 신흥역이 있다.

2 다음 중 대전 동구에 있는 동이 아닌 것은?

① 사성동
② 신인동
③ 석교동
④ 중앙동

》**Advice** 석교동은 중구에 위치해 있다.

3 대전대학교에서 가장 가까운 지하철역은?

① 구암역
② 갑천역
③ 대전역
④ 대동역

》**Advice** 대동역은 대전도시철도 2호선과 환승예정역이며 역 주변에 한밭여중, 대전여고, 대전대학교, 우송대학교 등 여러 교육기관이 밀집해 있는 지역이다.

4 대전시청 앞을 지나는 도로명은?

① 한밭대로
② 대덕대로
③ 계룡로
④ 둔산로

》**Advice** 눈산로는 눈산여고 네거리(대전 서구)에서 보라삼거리(대전 서구)까지 총 거리 2.5km의 도로이다.

5 보라매공원에서 대성자동차 운전전문학원까지 가는 길에 지나는 교차로가 아닌 것은?

① 까치네거리
② 목련네거리
③ 탄방네거리
④ 삼천교네거리

》**Advice** 보라매공원에서 둔산남로를 따라 직진을 하면 까치네거리, 목련네거리, 공작네거리, 삼천교네거리를 지나 대성자동차 운전전문학원으로 갈 수 있다.

6 한밭수목원 앞을 지나는 도로명은?

① 둔산대로
② 문지로
③ 대덕대로
④ 대학로

》**Advice** 둔산대로는 대전광역시 서구 만년동에서부터 둔산동에 이르는 길이다. 서구를 동서로 관통하며, 정부대전청사, 대전문화예술의전당, 대전시립미술관, 한밭수목원, 평송수련원 등 주요 시설이 위치하고 있다.

7 옛터민속박물관이 소재한 곳은?

① 삼성동
② 내탑동
③ 하소동
④ 중앙동

》**Advice** 옛터민속박물관은 대전광역시 동구 하소동에 위치하고
있다.

8 다음 중 배재대학교가 위치한 곳은?

① 흑석동
② 도마동
③ 월평동
④ 만년동

》**Advice** 배재대학교는 대전 서구 도마동에 위치해 있다.

9 다음 중 월드컵경기장이 위치한 구는?

① 동구
② 유성구
③ 대덕구
④ 중구

》**Advice** 대전 월드컵경기장은 대전광역시 유성구 노은동에 위치
하고 있다.

10 다음 중 대전오월드가 위치한 곳은?

① 동구 주촌동
② 서구 정림동
③ 중구 사정동
④ 유성구 계산동

》**Advice** 대전오월드는 대전광역시 중구 사정동에 위치하고 있다.

11 다음 중 대전 중구에 있는 동이 아닌 것은?

① 사정동
② 대흥동
③ 어남동
④ 장안동

》**Advice** 장안동은 대전 서구에 위치한 동이다.

12 다음 중 을지대학교 대전캠퍼스에 인접한 지하철역은?

① 용문역
② 갈마역
③ 탄방역
④ 오룡역

》**Advice** 오룡역은 교통의 요충지인 동서로 네거리(계룡로와 동서
로 교차점)에 위치하며, 을지대학교, 대성중·고등학교,
충남여중·고등학교, 태평초·중, 유평초등학교 등이 주
변에 위치하고 있다.

13 월평1동과 온천1동을 연결하는 다리는 무엇인가?

① 만년교
② 가수원교
③ 안영교
④ 원천교

》**Advice** 월평1동과 온천1동을 연결하는 다리는 만년교이다.

14 다음 중 KAIST가 위치한 곳은?

① 유성구 원내동
② 유성구 구성동
③ 대덕구 오정동
④ 대덕구 삼정동

》**Advice** 카이스트는 대전광역시 유성구 구성동에 위치하고 있다.

15 다음 중 엑스포과학공원이 소재한 곳은?

① 송정동
② 봉명동
③ 도룡동
④ 상대동

〉 **Advice** 엑스포과학공원은 대전광역시 유성구 도룡동에 위치하고
있다.

16 회덕동춘당이 위치한 곳은?

① 대덕구 읍내동
② 유성구 금고동
③ 대덕구 송촌동
④ 유성구 탑립동

〉 **Advice** 회덕동춘당은 대전 대덕구 송촌동에 위치하고 있다.

17 대전 유성호텔이 위치한 동은?

① 온천1동
② 봉명동
③ 구즉동
④ 송촌동

〉 **Advice** 대전 유성호텔은 대전 유성구 봉명동에 위치하고 있다.

18 대전광역시 동구 비룡동과 대덕구 비래동에 있는 경
부고속도로의 터널 이름은?

① 양지터널
② 용운터널
③ 세천터널
④ 대전터널

〉 **Advice** 대전터널은 대전광역시 동구 비룡동과 대덕구 비래동에
위치한 터널이다. 과거 대전육교와 함께 경부고속도로의
일부였으나, 경부고속도로가 이설되면서 대전육교는 방
치되고, 대전터널은 신상로의 일부 구간이 되었다. 주변
에는 가양비래공원, 고봉산 등이 있다.

19 다음 중 중구에 위치한 것이 아닌 것은?

① 보문산
② 테미공원
③ 대전 오월드
④ 우암사적공원

〉 **Advice** ① 대전광역시 중구 대사동
② 대전광역시 중구 대흥동
③ 대전광역시 중구 사정동
④ 대전광역시 동구 가양동

20 유성온천이 위치한 구의 이름으로 바른 것은?

① 대덕구
② 유성구
③ 서구
④ 중구

〉 **Advice** 유성온천은 대전광역시 유성구에 위치해 있다.

21 다음 중 유성구에 위치한 곳이 아닌 것은?

① 엑스포과학공원
② 대전시민천문대
③ 화폐박물관
④ 봉소루

〉 **Advice** ① 대전광역시 유성구 도룡동
② 대전광역시 유성구 신성동
③ 대전광역시 유성구 가정동
④ 대전광역시 중구 석교동

22 다음 중 산성동이 위치한 구의 이름으로 바른 것은?

① 동구
② 중구
③ 서구
④ 유성구

〉 **Advice** 산성동은 대전광역시 중구에 위치해 있다.

23 다음 중 충남대학교가 위치한 구와 동의 이름으로 바른 것은?

① 중구 무수동
② 서구 만년동
③ 유성구 궁동
④ 대덕구 장동

〉**Advice** 충남대학교는 대전광역시 유성구 궁동에 위치해있다.

24 다음 중 대전 지하철 1호선 중구청역 근처에 위치한 것이 아닌 것은?

① 대전 근현대사전시관
② 가톨릭대학교 대전성모병원
③ 우리들공원
④ 중구보건지소

〉**Advice** 우리들공원은 중앙로역 근처에 위치하고 있다.

25 대전광역시에 소재한 구의 총합은?

① 4개
② 5개
③ 6개
④ 7개

〉**Advice** 대전광역시는 동구, 서구, 중구, 유성구, 대덕구가 소재한다.

26 대전복합버스터미널이 위치한 동은?

① 홍도동
② 비룡동
③ 삼정동
④ 용전동

〉**Advice** 대전복합버스터미널은 대전광역시 동구 용전동에 위치하고 있다.

27 다음 중 대전광역시 동구에 위치한 대학이 아닌 것은?

① 대전대학교
② 대전보건대학교
③ 우송대학교
④ 대전과학기술대학교

〉**Advice** ① 대전광역시 동구 용운동
② 대전광역시 동구 가양2동
③ 대전광역시 동구 자양동
④ 대전광역시 서구 복수동

28 한밭수목원과 엑스포과학공원을 연결하는 갑천에 설치된 보행용 다리는 무엇인가?

① 둔산대교
② 엑스포다리
③ 대덕대교
④ 원촌교

〉**Advice** 1993년 대전 엑스포(EXPO) 행사장 앞 갑천에 설치된 엑스포 다리는 순수 보행용 다리로써 엑스포 다리에는 아치도장, 교량상판 방수도장, 보도 우드데크 설치 등 다리 보행환경개선을 통해 걷고 싶은 다리가 설치되어 있다.

29 다음 중 대전서부경찰서가 위치한 동은?

① 복수동
② 대흥동
③ 무수동
④ 안영동

〉**Advice** 대전서부경찰서는 대전광역시 서구 복수동에 위치하고 있다.

30 다음 중 솔로몬로파크가 소재한 곳은?

① 유성구 금고동
② 유성구 원촌동
③ 유성구 원내동
④ 유성구 하기동

〉〉Advice 솔로몬로파크는 대전광역시 유성구 원촌동에 위치하고 있다.

31 대전정부청사 앞을 지나는 도로명은?

① 둔산대로
② 대덕대로
③ 한밭대로
④ 월평로

〉〉Advice 둔산대로는 대전광역시 서구 만년동에서부터 둔산동에 이르는 길이다.

32 다음 중 대전 지하철 1호선의 역이 아닌 것은?

① 시청역
② 서대전네거리역
③ 중구청역
④ 서대전역

〉〉Advice 서대전역은 대전광역시 중구에 있는 기차역으로, 호남선에 있으며, 대전조차장역과 가수원역 사이에 있다.

33 중앙로역에서 충무로네거리를 지나 한밭종합운동장 입구에 이르는 도로는?

① 충무로
② 대종로
③ 보문로
④ 대전로

〉〉Advice 대종로는 남선공원네거리(대전 서구) ↔ 대성동삼거리(대전 동구)에 이르는 도로이다.

34 다음 중 계백로 주변에 위치한 건물이 아닌 것은?

① 건양대학교병원
② 롯데백화점
③ 대전서부경찰서
④ 서대전역

〉〉Advice 계백로는 서대전네거리역(대전 중구) ↔ 계룡대교(충남 계룡)에 이르는 도로이다.

35 다음 중 예술의 전당이 위치한 동은?

① 복수동
② 용문동
③ 만년동
④ 기성동

〉〉Advice 예술의 전당은 대전광역시 서구 만년동에 위치하고 있다.

36 다음 중 월평역과 갈마역을 지나는 도로는?

① 둔산대로
② 대닥대로
③ 한밭대로
④ 도산대로

〉〉Advice 한밭대로는 덕명네거리(대전 유성) ↔ 동부네거리(대전 동구)에 이르는 길이다.

37 중앙로역에서 KTX 대전역까지 갈 때 가장 빠른 다리는?

① 목척교
② 선화교
③ 중교
④ 삼선교

〉〉Advice 목척교는 중앙로역과 대전역 사이에 있는 교량이다.

38 대전광역시청이 소재한 곳은?

① 동구 중동
② 중구 은행동
③ 서구 둔산동
④ 유성구 궁동

〉**Advice** 대전광역시청은 대전광역시 서구 둔산동에 위치하고 있다.

39 대덕대학교가 소재한 위치는?

① 대덕구 오정동
② 대덕구 대화동
③ 유성구 장동
④ 유성구 문지동

〉**Advice** 대덕대학교는 대전광역시 유성구 장동에 위치하고 있다.

40 대전광역시에 위치한 쉐라톤호텔의 소재지는?

① 가양1동
② 관저1동
③ 월평1동
④ 온천1동

〉**Advice** 쉐라톤호텔은 대전광역시 서구 월평1동에 위치해 있다.

41 다음 중 수정재가 위치한 곳은?

① 내동
② 변동
③ 오동
④ 세동

〉**Advice** 수정재는 대전광역시 서구 변동에 위치해 있다.

42 대전서구청의 소재지는?

① 둔산동
② 갈마동
③ 우명동
④ 관저동

〉**Advice** 대전서구청은 대전광역시 서구 둔산동에 위치해 있다.

43 대전광역시 교육청에서 가장 가까운 지하철역은?

① 정부청사역
② 시청역
③ 갈마역
④ 탄방역

〉**Advice** 대전광역시 교육청은 지하철역으로는 시청역이 가장 근접하다.

44 대전아쿠아리움이 위치한 곳은?

① 중구 목동
② 중구 석교동
③ 중구 대사동
④ 중구 태평동

〉**Advice** 대전아쿠아리움은 대전광역시 중구 대사동에 위치해 있다.

45 다음 중 남선공원이 위치한 곳은?

① 서구 변동
② 서구 용문동
③ 서구 괴정동
④ 서구 탄방동

〉**Advice** 남선공원은 대전광역시 서구 탄방동에 위치해 있다.

답 〉〉 30.② 31.① 32.④ 33.② 34.② 35.③ 36.③ 37.① 38.③ 39.③ 40.③ 41.② 42.① 43.② 44.③ 45.④

46 대덕구청 입구를 지나는 도로명은?

① 대전로
② 한남로
③ 충무로
④ 현암로

〉**Advice** 대덕구청 입구를 지나는 도로는 대전로이다.

47 대전광역시 보건환경연구원을 지나 유성구청 앞을 지나는 도로는?

① 만년로
② 대학로
③ 가정로
④ 과학로

〉**Advice** 보건환경연구원을 지나 유성구청 앞을 지나는 도로는 대학로이다.

48 충남대학교병원 입구를 지나는 도로는?

① 문화로
② 보문산로
③ 보문로
④ 대종로

〉**Advice** 문화로는 충남대병원네거리(대전 중구) ↔ 삼경충전소(대전 중구)에 이르는 길이다.

49 대청댐 자전거길 인증센터가 위치한 곳은?

① 대덕구 오정동
② 대덕구 중리동
③ 대덕구 미호동
④ 대덕구 읍내동

〉**Advice** 대청댐 자전거길 인증센터는 대전광역시 대덕구 미호동에 위치하고 있다.

50 대전보훈병원이 위치한 곳은?

① 대덕구 용호동
② 대덕구 신탄진동
③ 대덕구 문평동
④ 대덕구 와동

〉**Advice** 대전보훈병원은 대전광역시 대덕구 신탄진동에 위치해 있다.

51 KT&G 대전본사가 위치한 곳은?

① 갈전동
② 문평동
③ 연축동
④ 평촌동

〉**Advice** KT&G 대전본사는 대전광역시 대덕구 평촌동에 위치해 있다.

52 세종신도시와 대전을 연결하는 교량으로 갑천야구장 위를 지나는 다리는 무엇인가?

① 한빛대교
② 둔산대교
③ 한밭대교
④ 문평대교

〉**Advice** 대전 대덕구 문평동에서 세종신도시와 대전 대덕테크노밸리를 최단거리로 연결하는 다리는 문평대교이다.

53 국립대전현충원이 위치한 곳은?

① 유성구 세동
② 유성구 방동
③ 유성구 장동
④ 유성구 갑동

〉**Advice** 국립대전현충원은 대전광역시 유성구 갑동에 위치해 있다.

54 다음 중 건양대학교 병원이 위치한 곳은?

① 서구 변동
② 서구 오동
③ 서구 용촌동
④ 서구 관저동

》**Advice** 건양대학교 병원은 대전광역시 서구 관저동에 위치해 있다.

55 장태산 자연휴양림이 위치한 곳은?

① 서구 매노동
② 서구 장안동
③ 중구 무수동
④ 중구 산성동

》**Advice** 장태산 자연휴양림은 대전광역시 서구 장안동에 위치해 있다.

56 대전조차장역이 위치한 곳은?

① 대덕구 와동
② 대덕구 법동
③ 대덕구 장동
④ 대덕구 삼정동

》**Advice** 대전조차장역은 대전광역시 대덕구 법동에 위치해 있다.

57 비래동은 행정구역상 어디에 해당하는가?

① 유성구
② 서구
③ 대덕구
④ 중구

》**Advice** 비래동은 대덕구에 속한다.

58 다음 중 행정구역이 다른 하나는?

① 세천유원지
② 원광사
③ 대청호자연생태관
④ 대전지방국세청

》**Advice** ① 대전광역시 동구 세천동
② 대전광역시 동구 판암동
③ 대전광역시 동구 추동
④ 대전광역시 대덕구 법동

59 경부선 대전역이 소재한 곳은?

① 동구 천동
② 동구 정동
③ 중구 목동
④ 중구 호동

》**Advice** 경부선 대전역은 대전광역시 동구 정동에 위치해 있다.

60 유성시외버스정류소가 위치한 곳은?

① 유성구 장대동
② 유성구 노은동
③ 유성구 봉명동
④ 유성구 구암동

》**Advice** 유성시외버스정류소는 대전광역시 유성구 봉명동에 위치해 있다.

61 다음 중 침례신학대학교와 가장 가까운 지하철역은?

① 반석역
② 지족역
③ 노은역
④ 구암역

》**Advice** 침례신학대학교는 대전광역시 유성구 하기동에 위치해 있으며, 지하철역으로는 지족역과 가장 가깝다.

62 다음 중 구와 동의 연결이 잘못된 것은?

① 동구 - 신흥동
② 중구 - 안영동
③ 유성구 - 금탄동
④ 대덕구 - 무수동

❯ Advice 무수동은 중구에 위치한다.

63 다음 중 대덕구에 위치한 동이 아닌 것은?

① 중리동
② 비래동
③ 미호동
④ 신성동

❯ Advice 신성동은 유성구에 위치한다.

64 국군대전병원이 위치한 곳은?

① 대정동
② 자운동
③ 구룡동
④ 화암동

❯ Advice 국군대전병원은 대전광역시 유성구 자운동에 위치해 있다.

65 한국기계연구원이 위치한 곳은?

① 유성구 구성동
② 유성구 가정동
③ 유성구 장동
④ 유성구 갑동

❯ Advice 한국기계연구원은 대전광역시 유성구 장동에 위치해 있다.

66 한국천문연구원이 위치한 곳은?

① 대정동
② 화암동
③ 덕진동
④ 하기동

❯ Advice 한국천문연구원은 대전광역시 유성구 화암동에 위치해 있다.

67 다음 중 행정구역이 다른 하나는?

① 대전과학수사연구소
② 한국표준과학연구원
③ LG화학 기술연구원
④ KT대전인재개발원

❯ Advice ① 대전광역시 유성구 화암동
② 대전광역시 유성구 도룡동
③ 대전광역시 유성구 문지동
④ 대전광역시 서구 괴정동

68 크로바쇼핑센터에서 샘머리공원까지 갈 경우 경유하는 네거리가 아닌 것은?

① 크로바네거리
② 한마루네거리
③ 햇님네거리
④ 둥지네거리

❯ Advice 둥지네거리는 샘머리공원을 지나쳐야 만날 수 있다.

69 대전지하철 1호선 오룡역에서 대전역까지 갈 경우 지나가지 않는 도로는?

① 동서대로
② 대종로
③ 중앙로
④ 대흥로

❯ Advice 동서대로 → 대종로 → 중앙로를 거쳐 가게 된다.

70 동대전컨벤션웨딩홀이 소재한 곳은?

① 동구 삼정동
② 동구 가오동
③ 중구 중촌동
④ 중구 대사동

> **Advice** 동대전컨벤션웨딩홀은 대전광역시 동구 가오동에 위치해 있다.

71 대전광역시 도시철도공사가 위치한 구는?

① 동구
② 서구
③ 중구
④ 유성구

> **Advice** 대전광역시 도시철도공사는 대전광역시 서구 월평동에 위치해 있다.

72 대전체육고등학교가 위치한 구는?

① 중구
② 서구
③ 유성구
④ 대덕구

> **Advice** 대전체육고등학교는 대전광역시 유성구 원신흥동에 위치해 있다.

73 용운동에서 가양동을 연결하는 터널은?

① 가양비래터널
② 용운터널
③ 비래굴다리
④ 세천터널

> **Advice** 용운동에서 가양동을 연결하는 터널은 용운터널이다.

74 다음 중 유성구에 있는 호텔이 아닌 것은?

① 유성호텔
② 호텔리베라
③ 쉐라톤호텔
④ 호텔아드리아

> **Advice** ① 대전광역시 유성구 봉명동
　　　　② 대전광역시 유성구 봉명동
　　　　③ 대전광역시 서구 월평1동
　　　　④ 대전광역시 유성구 봉명동

75 다음 중 대전에 없는 하천은?

① 대전천
② 유등천
③ 갑천
④ 노성천

> **Advice** ④ 노성천은 충청남도 논산시에 위치해 있다.

76 충남여자고등학교가 위치한 곳은?

① 중구 목동
② 중구 호동
③ 서구 도마동
④ 서구 매노동

> **Advice** 충남여자고등학교는 대전광역시 중구 목동에 위치해 있다.

77 대전광역시 동구청이 위치한 곳은?

① 동구 신흥동
② 동구 가오동
③ 동구 용계동
④ 동구 이사동

> **Advice** 동구청은 대전광역시 동구 가오동에 위치해 있다.

78 대전신학교가 위치한 곳은?

① 이사동
② 괴정동
③ 산직동
④ 삼정동

〉 **Advice** 대전신학교는 대전광역시 동구 삼정동에 위치해 있다.

79 다음 중 대전광역시의 행정구역이 아닌 것은?

① 신탄진동
② 은행동
③ 안산동
④ 한솔동

〉 **Advice** ④ 세종특별자치시에 있는 행정구역이다.

80 유성 유스호스텔이 위치한 곳은?

① 유성구 용계동
② 유성구 신성동
③ 유성구 계산동
④ 유성구 추목동

〉 **Advice** 유성 유스호스텔은 대전광역시 유성구 계산동에 위치하고 있다.

81 이마트트레이더스를 가장 가깝게 갈 수 있는 지하철 역은?

① 갑천역
② 월평역
③ 갈마역
④ 정부청사역

〉 **Advice** 월평역에는 갑천변에 연접한 은평공원과 이마트트레이더스(월평점), 계룡건설사옥, 한국마사회, 대전일보사 등이 있으며 한국과학기술원(KAIST)에 가는 고객은 매시간 운행되는 셔틀버스를 이곳 정류장에서 무료로 이용할 수 있다.

82 신탄진동이 소재한 구는?

① 서구
② 유성구
③ 대덕구
④ 동구

〉 **Advice** 신탄진동은 대덕구에 위치한다.

83 대전지방경찰청이 소재한 곳은?

① 용문동
② 갈마동
③ 둔산동
④ 흑석동

〉 **Advice** 대진지방경찰청온 대전광역시 서구 둔산동에 위치하고 있다.

84 다음 중 둔산동에 위치한 건물이 아닌 것은?

① 대전지방법원
② 대전시립미술관
③ 서대전세무서
④ 충청지방우정청

〉 **Advice** ① 대전광역시 서구 둔산동
② 대전광역시 서구 만년동
③ 대전광역시 서구 둔산동
④ 대전광역시 서구 둔산동

85 다음 중 대전천 주변에 있는 건물이 아닌 것은?

① 대전중앙고등학교
② 평화원장례식장
③ 대전대학교대전한방병원
④ 오정농수산물도매시장

〉 **Advice** ④ 유등천 주변에 있는 건물이다.

86 다음 중 뿌리공원이 위치한 곳은?

① 옥계동
② 용두동
③ 오류동
④ 침산동

》**Advice** 뿌리공원은 대전광역시 중구 침산동에 위치하고 있다.

87 다음 중 대전광역시 서구에 위치한 것이 아닌 것은?

① 장태산
② 남선공원
③ 구봉산
④ 테미공원

》**Advice** 테미공원은 대전광역시 중구 대흥동에 위치하고 있다.

88 다음 중 충효사가 위치한 곳은?

① 탄방동
② 평촌동
③ 괴곡동
④ 도안동

》**Advice** 충효사는 대전광역시 서구 탄방동에 위치하고 있다.

89 대전광역시 동구청과 가장 가까운 지하철역은?

① 신흥역
② 대동역
③ 대전역
④ 판암역

》**Advice** 대전광역시 동구청과 가장 가까운 역은 판암역이다.

90 으능정이 문화의 거리가 소재한 곳은?

① 중구 대흥동
② 중구 목달동
③ 중구 은행동
④ 중구 어남동

》**Advice** 으능정이 문화의 거리는 대전광역시 중구 은행동에 위치하고 있다.

91 대전선사박물관이 위치한 곳은?

① 원내동
② 계산동
③ 성북동
④ 지족동

》**Advice** 대전선사박물관은 대전광역시 유성구 지족동에 위치하고 있다.

92 다음 중 유성구에 소재하지 않는 산은?

① 매봉산
② 지족산
③ 빈계산
④ 천비산

》**Advice** ① 대전광역시 유성구 지족동
② 대전광역시 유성구 지족동
③ 대전광역시 유성구 계산동
④ 대전광역시 중구 정생동

93 병무청이 위치한 곳은?

① 도마동
② 갈마동
③ 둔산동
④ 원정동

》**Advice** 병무청은 대전광역시 서구 둔산동에 위치하고 있다.

94 다음 중 정부대전청사에 위치하고 있는 것이 아닌 것은?

① 관세청
② 중소기업청
③ 고용노동청
④ 조달청

〉 **Advice** 정부대전청사에는 조달청, 특허청, 산림청, 관세청, 중소기업청, 병무청이 위치해 있다.

95 다음 중 한복거리가 위치한 곳은?

① 원동
② 인동
③ 효동
④ 천동

〉 **Advice** 한복거리는 대전광역시 동구 원동에 위치하고 있다.

96 으능정이스카이로드가 위치한 곳은?

① 비룡동
② 원동
③ 중앙동
④ 은행동

〉 **Advice** 으능정이스카이로드는 대전광역시 중구 은행동 으능정이거리에 조성된 길이 214미터, 너비 13.3미터, 높이 20미터 규모의 초대형 LED 영상아케이드 구조물이다.

97 백골저수지가 위치한 곳은?

① 중구 선화동
② 중구 사정동
③ 서구 정림동
④ 서구 도안동

〉 **Advice** 백골저수지는 대전광역시 중구 사정동에 위치하고 있다.

98 대전동부경찰서가 위치한 곳은?

① 대덕구 대화동
② 대덕구 상서동
③ 대덕구 베래동
④ 대덕구 법2동

〉 **Advice** 대전동부경찰서는 대전광역시 대덕구 법2동에 위치하고 있다.

99 대전유성경찰서가 위치한 곳은?

① 유성구 교촌동
② 유성구 노은동
③ 유성구 죽동
④ 유성구 궁동

〉 **Advice** 대전유성경찰서는 대전광역시 유성구 죽동에 위치하고 있다.

100 다음 중 서구 내동에 위치한 건물이 아닌 것은?

① 월평양궁장
② 대전외국어고등학교
③ TBN 대전교통방송
④ 나진요양병원

〉 **Advice** ④ 대전광역시 서구 괴정동에 위치하고 있다.

세종특별자치시

1 세종시청이 위치한 곳은?

① 반곡동
② 보람동
③ 가람동
④ 한솔동

》**Advice** 세종시청은 세종특별자치시 보람동에 위치하고 있다.

2 세종고속시외버스터미널이 위치한 곳은?

① 새롬동
② 다정동
③ 소담동
④ 대평동

》**Advice** 세종고속시외버스터미널은 세종특별자치시 대평동에 위치하고 있다.

3 다음 중 세종특별자치시의 행정구역이 아닌 것은?

① 조치원읍
② 금남면
③ 연서면
④ 신탄진동

》**Advice** 신탄진동은 대전광역시 대덕구에 위치한다.

4 다음 중 홍익대학교 세종캠퍼스 근처에 있는 경부선 기차역은?

① 조치원역
② 서창역
③ 전동역
④ 내판역

》**Advice** 경부선 서창역은 세종특별자치시 조치원읍 신안리에 위치하고 있으며, 홍익대학교와 가깝다.

5 다음 중 경부선 조치원역 주변의 건물이 아닌 것은?

① 세종소방서 원리119 지역대
② NH농협은행
③ 메가박스
④ 종로약국

》**Advice** ③ 메가박스는 세종특별자치시 조치원읍 교리에 위치하고 있다.
①②④ 세종특별자치시 조치원읍 원리에 위치하고 있다.

6 고려대학교 세종캠퍼스 정문 앞을 지나는 도로는?

① 세종로
② 충현로
③ 새내로
④ 가로수로

》**Advice** 세종로는 세종특별자치시 금남면 두만리 대전광역시계와 충청남도 천안시 동남구 목천읍 남천안 나들목을 잇는 도로로 고려대학교 정문 앞을 지난다.

7 조치원공영버스터미널이 위치한 곳은?

① 조치원읍 원리
② 조치원읍 상리
③ 조치원읍 평리
④ 조치원읍 교리

> **Advice** 조치원공영버스터미널은 세종특별자치시 조치원읍 상리에 위치하고 있다.

8 세종특별자치시 보건소가 위치한 곳은?

① 조치원읍 정리
② 조치원읍 명리
③ 조치원읍 남리
④ 조치원읍 교리

> **Advice** 세종특별자치시 보건소는 세종특별자치시 조치원읍 교리에 위치하고 있다.

9 다음 중 조치원읍에 소재하지 않는 행정구역은?

① 서창리
② 교리
③ 용포리
④ 신안리

> **Advice** 용포리는 금남면에 해당한다.

10 이마트가 위치한 곳은?

① 보람동
② 가람동
③ 나성동
④ 다정동

> **Advice** 이마트는 세종특별자치시 가람동에 위치하고 있다.

11 세종호수공원이 위치한 곳은?

① 연기면 세종리
② 부강면 산수리
③ 연동면 응암리
④ 조치원읍 신흥리

> **Advice** 세종호수공원은 세종특별자치시 연기면 세종리에 위치하고 있다.

12 CGV가 위치한 곳은?

① 고운동
② 아름동
③ 종촌동
④ 어진동

> **Advice** CGV세종은 세종특별자치시 종촌동에 위치하고 있다.

13 정부세종청사가 소재한 동은?

① 아름동
② 나성동
③ 도담동
④ 어진동

> **Advice** 정부세종청사는 세종특별자치시 어진동에 위치하고 있다.

14 다음 중 세종특별자치시에 위치한 산이 아닌 것은?

① 당산
② 오산
③ 태화산
④ 오봉산

> **Advice** ① 세종특별자치시 연기면 연기리
> ② 세종특별자치시 연기면 세종리
> ③ 충청남도 아산시 배방읍 수철리
> ④ 세종특별자치시 전동면 송곡리

15 베어트리파크가 위치한 곳은?

① 전의면 읍내리
② 전의면 원성리
③ 전동면 송정리
④ 전동면 송성리

》 **Advice** 베어트리파크는 세종특별자치시 전동면 송성리에 위치하고 있다.

16 세종특별자치시에 있는 읍의 총 수는?

① 1개
② 6개
③ 9개
④ 11개

》 **Advice** 조치원읍 1개이다.

17 대전가톨릭대학교가 위치한 곳은?

① 전의면 관정리
② 전의면 신방리
③ 전의면 서정리
④ 전의면 읍내리

》 **Advice** 대전가톨릭대학교는 세종특별자치시 전의면 신방리에 위치하고 있다.

18 세종시 예비군훈련장이 위치한 곳은?

① 전동면 봉대리
② 전동면 송곡리
③ 전동면 미곡리
④ 전동면 심중리

》 **Advice** 세종시 예비군훈련장은 세종특별자치시 전동면 송곡리에 위치하고 있다.

19 다음 중 세종시에 있는 저수지가 아닌 것은?

① 감성저수지
② 은룡저수지
③ 하봉저수지
④ 용암저수지

》 **Advice** ① 세종특별자치시 금남면 축산리
② 세종특별자치시 장군면 은용리
③ 세종특별자치시 장군면 하봉리
④ 충청남도 공주시 반포면 공암리

20 홈플러스 세종점이 위치한 곳은?

① 반곡동
② 조치원읍
③ 어진동
④ 다정동

》 **Advice** 홈플러스 세종점은 세종특별자치시 어진동에 위치하고 있다.

21 세종시에 위치한 기차역이 아닌 것은?

① 소정리역
② 부강역
③ 천안아산역
④ 조치원역

》 **Advice** ③ 충청남도 아산에 위치해 있다.

22 세종경찰서가 위치한 곳은?

① 조치원읍 침산리
② 조치원읍 죽립리
③ 조치원읍 번암리
④ 조치원읍 서창리

》 **Advice** 세종경찰서는 세종특별자치시 조치원읍 번암리에 위치하고 있다.

답 》 7.② 8.④ 9.③ 10.② 11.① 12.③ 13.④ 14.③ 15.④ 16.① 17.② 18.② 19.④ 20.③ 21.③ 22.③

23 교과서 박물관이 위치한 곳은?

① 연동면 내판리
② 연동면 노송리
③ 연동면 다솜리
④ 연동면 명학리

› **Advice** 교과서 박물관은 세종특별자치시 연동면 내판리에 위치하고 있다.

24 국토지리정보원 우주측지관측센터가 위치한 곳은?

① 연기면 세종리
② 연기면 연기리
③ 연기면 한별리
④ 연기면 누리리

› **Advice** 국토지리정보원 우주측지관측센터는 세종특별자치시 연기면 세종리에 위치하고 있다.

25 세종국제고등학교가 위치한 곳은?

① 다정동
② 새롬동
③ 아름동
④ 도담동

› **Advice** 세종국제고등학교는 세종특별자치시 아름동에 위치하고 있다.

26 세종시 가람동에서 대평동을 잇는 다리는?

① 한두리대교
② 학나래교
③ 금남교
④ 금강교

› **Advice** 학나래교는 세종특별자치시 가람동에서 연기면에 속한 하천구역을 거쳐 대평동을 잇는 금강의 다리이다.

27 다음 중 그 위치한 소재지가 다른 하나는?

① 국무조정실
② 대통령기록관
③ 고용노동부
④ 국세청

› **Advice** ① 세종특별자치시 어진동
② 세종특별자치시 어진동
③ 세종특별자치시 어진동
④ 세종특별자치시 나성동

28 세종행복도시홍보관이 위치한 곳은?

① 연기면 눌왕리
② 연기면 보통리
③ 연기면 세종리
④ 연기면 연기리

› **Advice** 세종행복도시홍보관은 세종특별자치시 연기면 세종리에 위치하고 있다.

29 뒤웅박고을이 위치한 곳은?

① 전동면 청송리
② 전동면 노장리
③ 전동면 봉대리
④ 전동면 심중리

› **Advice** 뒤웅박고을은 세종특별자치시 전동면 청송리에 위치하고 있다.

30 금강수목원이 위치한 곳은?

① 금남면 영치리
② 금남면 박산리
③ 금남면 호탄리
④ 금남면 도남리

› **Advice** 금강수목원은 세종특별자치시 금남면 도남리에 위치하고 있다.

31 고복저수지가 위치한 곳은?

① 연서면 고복리
② 연서면 성제리
③ 연서면 용암리
④ 연서면 청라리

》 **Advice** 고복저수지는 세종특별자치시 연서면 용암리에 위치하고 있다.

32 한국영상대학교가 위치한 곳은?

① 장군면 금암리
② 장군면 대교리
③ 장군면 도계리
④ 장군면 봉안리

》 **Advice** 한국영상대학교는 세종특별자치시 장군면 금암리에 위치하고 있다.

33 세종시 부강면과 충북 청주시를 잇는 도로명은?

① 세종로
② 세종오송로
③ 허만석로
④ 청연로

》 **Advice** 청연로는 세종특별자치시 부강면 부용삼거리와 충청북도 청주시 흥덕구 오송읍 서평삼거리를 잇는 도로이다.

34 대전지방법원 세종특별자치시법원이 위치한 곳은?

① 조치원읍 서창리
② 조치원읍 교리
③ 소정면 고등리
④ 연기면 산울리

》 **Advice** 대전지방법원 세종특별자치시법원은 세종특별자치시 조치원읍 교리에 위치하고 있다.

35 황룡사가 위치한 곳은?

① 연동면 다솜리
② 연동면 응암리
③ 연동면 송용리
④ 연동면 명학리

》 **Advice** 황룡사는 세종특별자치시 연동면 명학리에 위치하고 있다.

36 다음 중 세종시에 위치한 대학교가 아닌 것은?

① 홍익대학교
② 고려대학교
③ 대전가톨릭대학교
④ 공주대학교

》 **Advice** 공주대학교는 충청남도 공주시 신관동에 위치하고 있다.

37 세종특별자치시교육청이 위치한 곳은?

① 반곡동
② 소담동
③ 보람동
④ 대평동

》 **Advice** 세종특별자치시교육청은 세종특별자치시 보람동에 위치하고 있다.

38 연꽃공원이 위치한 곳은?

① 조치원읍 상리
② 조치원읍 평리
③ 연기면 수산리
④ 연동면 합강리

》 **Advice** 연꽃공원은 세종특별자치시 조치원읍 평리에 위치하고 있다.

39 세종특별자치시 조치원읍 서창리를 지나는 도로명은?

① 세종로

② 새내로

③ 군청로

④ 충현로

〉〉**Advice** 세종특별자치시 조치원읍 서창리를 지나는 도로는 새내로이다.

40 국립세종도서관이 위치한 곳은?

① 한솔동

② 종촌동

③ 대평동

④ 어진동

〉〉**Advice** 국립세종도서관은 세종특별자치시 어진동에 위치하고 있다.

충청북도

1 괴산군청이 위치한 곳은?

① 괴산읍
② 감물면
③ 연풍면
④ 불정면

 》**Advice** 괴산군청은 충청북도 괴산군 괴산읍 서부리에 위치하고 있다.

2 괴산시외버스공용터미널이 위치한 곳은?

① 대덕리
② 대사리
③ 동부리
④ 서부리

 》**Advice** 괴산시외버스공용터미널은 충청북도 괴산군 괴산읍 동부리에 위치하고 있다.

3 다음 중 괴산군 괴산읍 동부리에 위치하고 있지 않은 것은?

① 괴산군 보건소
② 괴산소방서중앙119안전센터
③ 괴산성모병원
④ 괴산보훈공원

 》**Advice** ③ 충청북도 괴산군 괴산읍 서부리에 위치하고 있다.

4 괴산군청소년수련원이 위치한 곳은?

① 괴산읍 검승리
② 괴산읍 제월리
③ 괴산읍 대덕리
④ 칠성면 두천리

 》**Advice** 괴산군청소년수련원은 충청북도 괴산군 괴산읍 검승리에 위치하고 있다.

5 산막이옛길이 위치한 곳은?

① 칠성면 송동리
② 괴산읍 검승리
③ 칠성면 사은리
④ 칠성면 율원리

 》**Advice** 산막이옛길은 괴산군 칠성면 사은리에 위치하고 있다.

6 다음 중 화양구곡이 위치한 곳은?

① 괴산군 청천면 화양리
② 괴산군 청천면 지경리
③ 괴산군 칠성면 율원리
④ 괴산군 장연면 방곡리

 》**Advice** 화양구곡은 괴산군 청천면 화양리에 위치하고 있다.

7 중원대학교가 위치한 곳은?

① 괴산군 장연면 방곡리
② 괴산군 괴산읍 동부리
③ 괴산군 연풍면 원풍리
④ 괴산군 칠성면 태성리

》**Advice** 중원대학교는 충청북도 괴산군 괴산읍 동부리에 위치하고 있다.

8 다음 중 괴산군에 있는 행정구역이 아닌 것은?

① 칠성면
② 청천면
③ 대강면
④ 사리면

》**Advice** ③ 단양군에 해당한다.

9 다음 중 괴산군 괴산읍에 있는 행정구역이 아닌 것은?

① 대덕리
② 동부리
③ 분지리
④ 제월리

》**Advice** 괴산군 괴산읍에는 검승리, 대덕리, 대사리, 능촌리, 동부리, 사창리, 서부리, 신기리, 신항리, 정용리, 제월리가 있다.

10 이탄유원지가 위치한 곳은?

① 괴산읍 제월리
② 괴산읍 대사리
③ 괴산읍 신기리
④ 괴산읍 정용리

》**Advice** 이탄유원지는 괴산군 괴산읍 제월리에 위치해 있다.

11 제천시청이 위치한 곳은?

① 제천시 서부동
② 제천시 장락동
③ 제천시 의암동
④ 제천시 천남동

》**Advice** 제천시청은 충청북도 제천시 천남동에 위치하고 있다.

12 의림지가 위치한 곳은?

① 제천시 남천동
② 제천시 모산동
③ 제천시 고암동
④ 제천시 화산동

》**Advice** 의림지는 제천시 모산동에 위치해 있다.

13 세명대학교는 소재한 동은?

① 하소동
② 모산동
③ 신월동
④ 자작동

》**Advice** 세명대학교는 제천시 신월동에 위치해 있다.

14 제천역 앞을 지나는 도로명은?

① 청풍호로
② 내토로
③ 용두대로
④ 청전대로

》**Advice** 제천역 앞을 지나는 도로는 내토로이다.

15 제천역에서 명동교차로까지 연결된 도로명은?

① 용두대로
② 동명로
③ 의림대로
④ 용두천로

》**Advice** 제천역 앞에서부터 화산교차로를 지나 명동교차로를 지나는 길은 의림대로이다.

16 제천세무서가 위치한 곳은?

① 제천시 청전동
② 제천시 서부동
③ 제천시 두학동
④ 제천시 화산동

》**Advice** 제천세무서는 제천시 화산동에 위치하고 있다.

17 제천향교가 위치한 곳은?

① 제천시 명동
② 제천시 교동
③ 제천시 남현동
④ 제천시 용구동

》**Advice** 제천향교는 제천시 교동에 위치하고 있다.

18 제천소방서가 위치한 동은?

① 남천동
② 고암동
③ 왕암동
④ 의암동

》**Advice** 제천소방서는 제천시 의암동에 위치해 있다.

19 제천고등학교가 소재한 동은?

① 산곡동
② 명지동
③ 청전동
④ 강제동

》**Advice** 제천고등학교는 제천시 청전동에 있다.

20 청풍문화재단지가 위치한 곳은?

① 수산면
② 청풍면
③ 백운면
④ 송학면

》**Advice** 청풍문화재단지는 제천시 청풍면 물태리에 위치해 있다.

21 다음 중 옥순봉이 위치한 곳은?

① 금성면
② 덕산면
③ 수산면
④ 봉양읍

》**Advice** 옥순봉은 제천시 수산면 괴곡리에 위치해 있다.

22 박달재가 위치한 곳은?

① 모산동
② 신동
③ 자작동
④ 장락동

》**Advice** 박달재는 제천시 장락동에 위치해 있다.

23 음성군청이 위치한 곳은?

① 금왕읍
② 음성읍
③ 생극면
④ 감곡면

》**Advice** 음성군청은 음성군 음성읍 읍내리에 위치해 있다.

24 음성공용버스터미널 앞을 지나는 도로명은?

① 중앙로
② 수정로
③ 예술로
④ 용광로

》**Advice** 수정로는 중앙사거리에서 음성중학교를 잇는 노보로 음
성공용버스터미널 앞을 지난다.

25 백야자연휴양림이 위치한 곳은?

① 음성군 원남면 보룡리
② 음성군 금왕읍 백야리
③ 음성군 대소면 태생리
④ 음성군 맹동면 봉현리

》**Advice** 백야자연휴양림은 음성군 금왕읍 백야리에 있다.

26 큰바위얼굴조각공원이 위치한 곳은?

① 음성군 금왕읍 쌍봉리
② 음성군 금왕읍 오선리
③ 음성군 생극면 관성리
④ 음성군 생극면 병암리

》**Advice** 큰바위얼굴조각공원은 음성군 생극면 관성리에 위치해
있다.

27 음성경찰서가 위치한 곳은?

① 음성읍 평곡리
② 음성읍 읍내리
③ 음성읍 용산리
④ 음성읍 신천리

》**Advice** 음성경찰서는 음성군 음성읍 신천리에 위치해 있다.

28 다음 중 음성읍 읍내리에 위치한 건물이 아닌 것은?

① 음성종합운동장
② 음성문화예술회관
③ 음성군보건소
④ 음성군농산물유통센터

》**Advice** ④ 음성읍 신천리에 위치해 있다.

29 음성역이 위치한 곳은?

① 음성읍 평곡리
② 음성읍 한벌리
③ 음성읍 용산리
④ 음성읍 신천리

》**Advice** 음성역은 음성군 음성읍 평곡리에 위치해 있다.

30 다음 중 평곡사거리를 지나가는 도로가 아닌 것은?

① 한불로
② 시장로
③ 충청대로
④ 설성로

》**Advice** 평곡사거리는 한불로, 시장로, 충청대로가 만난다.

31 단양 고수동굴이 위치한 곳은?

① 단양읍 상진리
② 단양읍 고수리
③ 단양읍 증도리
④ 매포읍 어의곡리

》**Advice** 고수동굴은 단양군 단양읍 고수리에 위치해 있다.

32 단양역이 소재한 곳은?

① 단양읍 심곡리
② 단양읍 덕상리
③ 단성면 하방리
④ 단양읍 증도리

》**Advice** 단양역은 단양군 단양읍 증도리 산1-1이다.

33 단양신라적성비가 위치한 곳은?

① 단양읍 노동리
② 가곡면 사평리
③ 가곡면 덕천리
④ 단성면 하방리

》**Advice** 단양신라적성비는 단양군 단성면 하방리에 위치해 있다.

34 단양아쿠아월드가 위치한 곳은?

① 단양읍 별곡리
② 단양읍 도담리
③ 단양읍 상진리
④ 단양읍 고수리

》**Advice** 단양아쿠아월드는 단양군 단양읍 상진리에 위치해 있다.

35 다음 중 단양읍 고수리에 위치한 곳이 아닌 것은?

① 단양팔경
② 단양공설운동장
③ 고수동굴
④ 금수강산 식당

》**Advice** ② 단양군 단양읍 별곡리에 위치해 있다.

36 구인사가 위치한 곳은?

① 단양군 영춘면 상리
② 단양군 어상천면 임현리
③ 단양군 가곡면 향산리
④ 단양군 영춘면 백자리

》**Advice** 구인사는 단양군 영춘면 백자리에 위치해 있다.

37 온달산성이 위치한 곳은?

① 단양군 영춘면 동대리
② 단양군 가곡면 보발리
③ 단양군 영춘면 백자리
④ 단양군 영춘면 하리

》**Advice** 온달산성은 단양군 영춘면 하리에 위치해 있다.

38 다음 중 사인암이 위치한 곳은?

① 단양군 대강면 직터리
② 단양군 대강면 사인암리
③ 단양군 단성면 가산리
④ 단양군 대강면 괴평리

》**Advice** 사인암은 단양군 대강면 사인암리에 위치해 있다.

39 대명리조트 단양이 위치한 곳은?

① 단양읍 상진리
② 단양읍 별곡리
③ 단양읍 도전리
④ 단양읍 노동리

》 **Advice** 대명리조트 단양은 단양군 단양읍 상진리에 위치해 있다.

40 단양경찰서 옆을 지나는 도로명은?

① 수변로
② 군청로
③ 삼봉로
④ 상진로

》 **Advice** 단양경찰서 옆으로는 군청로가, 입구 방향으로는 중앙1
로가 통과하고 있다.

41 옥천군청이 위치한 곳은?

① 옥천읍 동안리
② 옥천읍 서정리
③ 군서면 월전리
④ 옥천읍 삼양리

》 **Advice** 옥천군청은 옥천군 옥천읍 삼양리에 위치해 있다.

42 옥천역이 위치한 곳은?

① 옥천읍 마암리
② 옥천읍 대천리
③ 옥천읍 서대리
④ 옥천읍 금구리

》 **Advice** 경부선 옥천역은 옥천군 옥천읍 금구리에 위치해 있다.

43 다음 중 옥천군 옥천읍 삼양리에 위치하지 않은 곳은?

① 옥천교육지원청
② 옥천군보건소
③ 옥천경찰서
④ 옥천군청

》 **Advice** ③ 옥천군 옥천읍 금구리에 위치해 있다.

44 옥천소방서가 위치한 곳은?

① 옥천읍 문정리
② 옥천읍 삼양리
③ 옥천읍 서정리
④ 군서면 월전리

》 **Advice** 옥천소방서는 옥천군 옥천읍 문정리에 위치해 있다.

45 경부고속도로 옥천IC 밑을 지나며 옥천소방서 앞을
통과하는 도로명은?

① 중앙로
② 지용로
③ 동부로
④ 문장로

》 **Advice** 중앙로는 충청북도 옥천군에 있는 도로로 경부고속도로
밑을 통과하며 향수공원과 옥천소방서 앞을 통과한다.

46 다음 중 옥천군에 위치한 저수지가 아닌 것은?

① 장찬저수지
② 삼청저수지
③ 용암저수지
④ 대아저수지

》 **Advice** ① 옥천군 이원면 장찬리
② 옥천군 옥천읍 삼청리
③ 옥천군 옥천읍 삼청리
④ 전라북도 완주군 동상면 대아리

47 청산버스공용터미널이 위치한 곳은?

① 청산면 지전리
② 청산면 인정리
③ 청성면 산계리
④ 청성면 거포리

》 Advice 청산버스공용터미널은 옥천군 청산면 지전리에 위치하고 있다.

48 장계국민관광지가 위치한 곳은?

① 옥천군 옥천읍 교동리
② 옥천군 옥천읍 매화리
③ 옥천군 안내면 장계리
④ 옥천군 안남면 도농리

》 Advice 장계국민관광지는 옥천군 안내면 장계리에 위치하고 있다.

49 다음 중 옥천군에 소재한 대학은?

① 중부대학교
② 영동대학교
③ 충북도립대학
④ 을지대학교

》 Advice 충북도립대학은 옥천군 옥천읍 금구리에 위치한 전문대학이다.

50 다음 중 대전부터 옥천까지 연결된 도로명은?

① 관성로
② 삼양로
③ 옥천로
④ 문장로

》 Advice 옥천로는 대전시 동구 인동 ↔ 충북 옥천군 이원면 원동리를 잇는 도로이다.

51 다음 중 영동군에 있는 역이 아닌 것은?

① 추풍령역
② 황간역
③ 영동역
④ 지탄역

》 Advice 지탄역은 옥천군 이원면 지탄리에 있다.

52 송호국민관광지가 위치한 곳은?

① 영동군 양산면 봉곡리
② 영동군 양산면 송호리
③ 영동군 양강면 괴목리
④ 영동군 양산면 원당리

》 Advice 송호국민관광지는 충북 영동군 양산면 송호리에 위치해 있다.

53 민주지산자연휴양림이 위치한 곳은?

① 영동군 상촌면 상도대리
② 영동군 양강면 산막리
③ 영동군 용화면 조동리
④ 영동군 용산면 구촌리

》 Advice 민주지산자연휴양림은 영동군 용화면 조동리에 위치하고 있다.

54 영동군청이 소재한 곳은?

① 영동읍 계산리
② 영동읍 동정리
③ 영동읍 부용리
④ 영동읍 매천리

》 Advice 영동군청은 영동읍 계산리에 위치해 있다.

답 》 39.① 40.② 41.④ 42.④ 43.③ 44.① 45.① 46.④ 47.① 48.③ 49.③ 50.③ 51.④ 52.② 53.③ 54.①

55 다음 중 영동읍 매천리에 위치한 곳이 아닌 것은?

① 영동군보건소
② 영동체육관
③ 용두공원
④ 영동시외버스공용터미널

〉 **Advice** ④ 영동읍 동정리

56 영동역 앞을 지나는 도로명은?

① 난계로
② 계산로
③ 영동황간로
④ 중앙로

〉 **Advice** 영동역 앞을 지나 중앙사거리까지의 도로는 계산로이다.

57 영동대학교가 위치한 곳은?

① 영동읍 설계리
② 영동읍 부용리
③ 양강면 양정리
④ 영동읍 동정리

〉 **Advice** 영동대학교는 영동군 영동읍 설계리에 위치해 있다.

58 월류봉이 위치한 곳은?

① 영동군 용산면 구촌리
② 영동군 황간면 원촌리
③ 영동군 황간면 마산리
④ 영동군 매곡면 노천리

〉 **Advice** 월류봉은 영동군 황간면 원촌리에 위치하고 있다.

59 영동제일병원에서 영동역으로 향할 경우 제일 처음 만나는 교차로는?

① 양가동 교차로
② 매천 교차로
③ 괴목 교차로
④ 가동 교차로

〉 **Advice** 영동제일병원을 나와 제일 처음 접하는 교차로는 양가동 교차로이다. 여기서 우회전하여 영동역을 향해 영동로, 난계로를 거쳐 가면 된다.

60 다음 중 영동군에 위치한 산이 아닌 것은?

① 대왕산
② 정산
③ 성신
④ 마이산

〉 **Advice** ① 영동군 양산면 원당리
② 영동군 학산면 아암리
③ 영동군 심천면 명천리
④ 충청남도 금산군 남이면 하금리

61 충청북도청이 소재한 곳은?

① 청주시 상당구
② 제천시 의림동
③ 청주시 서원구
④ 청주시 청원구

〉 **Advice** 충청북도청은 청주시 상당구에 위치해 있다.

62 다음 중 청주시 상당구에 위치한 곳이 아닌 것은?

① 청주시청
② 명암저수지
③ 청주한국병원
④ 청주대학교

〉 **Advice** 청주대학교는 청주시 청원구 내덕동에 위치해 있다.

63 청남대가 위치한 곳은?

① 청주시 상당구 문의면 문덕리
② 청주시 상당구 문의면 구룡리
③ 청주시 상당구 문의면 신대리
④ 청주시 상당구 문의면 괴곡리

》Advice 청남대는 청주시 상당구 문의면 신대리에 위치해 있다.

64 상당구 보건소에서 청남초등학교를 갈 경우 통과하는 도로명은?

① 수영로
② 단재로
③ 쇠내로
④ 청남로

》Advice 단재로는 충청북도 청주시 상당구 석교동 석교육거리에서 충청북도 청주시 상당구 미원면 미원리에 이르는 도로이다.

65 상당산성이 소재한 동은?

① 산성동
② 명암동
③ 용담동
④ 용정동

》Advice 상당산성은 청주시 상당구 산성동에 위치해 있다.

66 충북청주상당경찰서가 위치한 곳은?

① 상당구 용암동
② 상당구 남일면
③ 상당구 지북동
④ 상당구 운동동

》Advice 충북청주상당경찰서는 청주시 상당구 운동동에 위치하고 있다.

67 다음 중 공군사관학교가 위치한 곳은?

① 청주시 상당구 남일면 효촌리
② 청주시 상당구 운동동
③ 청주시 상당구 남일면 쌍수리
④ 청주시 상당구 남일면 송암리

》Advice 공군사관학교는 청주시 상당구 남일면 쌍수리에 위치해 있다.

68 다음 중 석교육거리에서 청원구 내덕동에 이르는 도로는?

① 상당로
② 청남로
③ 단재로
④ 공항로

》Advice 상당로는 충청북도 청주시 상당구 석교동 석교육거리에서 충청북도 청주시 청원구 내덕동에 이르는 도로로 북쪽으로 향하면 공항로, 충청대로와 연결되고, 남쪽은 단재로와 청남로로 연결된다.

69 CTS청주방송이 위치한 곳은?

① 상당구 수동
② 상당구 북문로2가
③ 청원구 우암동
④ 상당구 북문로3가

》Advice CTS청주방송은 청주시 청원구 우암동에 위치하고 있다.

70 미동산수목원이 위치한 곳은?

① 청주시 상당구 낭성면 귀래리
② 청주시 상당구 미원면 미원리
③ 청주시 상당구 낭성면 관정리
④ 청주시 상당구 낭성면 호정리

》Advice 미동산수목원은 청주시 상당구 미원면 미원리에 위치하고 있다.

71 흥덕구청이 위치한 곳은?

① 흥덕구 외북동
② 흥덕구 향정동
③ 흥덕구 복대동
④ 흥덕구 비하동

〉 **Advice** 흥덕구청은 청주시 흥덕구 복대동에 위치하고 있다.

72 청주시외버스터미널이 위치한 동은?

① 석곡동
② 강서동
③ 비하동
④ 가경동

〉 **Advice** 청주시외버스터미널은 청주시 흥덕구 가경동에 위치하고 있다.

73 현대백화점이 위치한 동은?

① 복대동
② 향정동
③ 비하동
④ 지동동

〉 **Advice** 현대백화점은 청주시 흥덕구 복대동에 위치한다.

74 청주역이 위치한 곳은?

① 흥덕구 정봉동
② 흥덕구 서촌동
③ 흥덕구 강내면 학천리
④ 흥덕구 수의동

〉 **Advice** 청주역은 흥덕구 정봉동에 위치하고 있다.

75 다음 중 청주시에 위치한 대학교가 아닌 것은?

① 한국교원대학교
② 충청대학교
③ 충북대학교
④ 공주대학교

〉 **Advice** ① 청주시 흥덕구 강내면 다락리
② 청주시 흥덕구 강내면 월곡리
③ 청주시 서원구 개신동
④ 충청남도 공주시 신관동

76 청주백제유물전시관이 위치하는 곳은?

① 흥덕구 신봉동
② 청원구 우암동
③ 서원구 사직동
④ 흥덕구 봉명동

〉 **Advice** 청주백제유물전시관은 청주시 흥덕구 신봉동에 위치하고 있다.

77 오창과학단지가 위치한 곳은?

① 청원구 오창읍 용두리
② 흥덕구 옥산면 호죽리
③ 흥덕구 옥산면 남촌리
④ 흥덕구 옥산면 가락리

〉 **Advice** 오창과학단지는 청주시 흥덕구 옥산면 남촌리에 위치하고 있다.

78 오송역이 위치한 곳은?

① 오송읍 궁평리
② 오송읍 봉산리
③ 오송읍 오송리
④ 오송읍 동평리

〉 **Advice** 오송역은 청주시 흥덕구 오송읍 봉산리에 위치하고 있다.

79 한국잠사박물관이 위치한 곳은?

① 청주시 강내면 학천리
② 청주시 강내면 월곡리
③ 청주시 강내면 탑연리
④ 청주시 오송읍 오송리

≫ **Advice** 한국잠사박물관은 청주시 흥덕구 강내면 학천리에 위치하고 있다.

80 청주고속버스터미널이 위치한 곳은?

① 청주시 흥덕구 복대동
② 청주시 흥덕구 비하동
③ 청주시 흥덕구 강서동
④ 청주시 흥덕구 가경동

≫ **Advice** 청주고속버스터미널은 청주시 흥덕구 가경동에 위치하고 있다.

81 다음 중 청주시 서원구에 위치한 대학이 아닌 것은?

① 청주교육대학교
② 서원대학교
③ 충북대학교
④ 청주대학교

≫ **Advice** ① 청주시 서원구 수곡동
② 청주시 서원구 모충동
③ 청주시 서원구 개신동
④ 청주시 청원구 내덕동

82 다음 중 서원구 사직동에 위치하지 않은 것은?

① 서원구청
② 청주아트홀
③ 청주예술의 전당
④ 시민체육공원

≫ **Advice** ③ 서원구 사직1동에 위치한다.

83 청주 예술의 전당 앞을 지나는 도로명은?

① 모충로
② 흥덕로
③ 예체로
④ 사운로

≫ **Advice** 예체로는 청주시 모충로에서 봉명동 청주 예술의 전당까지로 흥덕로와 교차하는 도로이다.

84 청주우편집중국이 위치한 곳은?

① 서원구 개신동
② 서원구 성화동
③ 서원구 죽림동
④ 서원구 수곡동

≫ **Advice** 청주우편집중국은 청주시 서원구 수곡동에 위치하고 있다.

85 KBS 청주방송총국이 위치한 곳은?

① 서원구 성화동
② 서원구 개신동
③ 서원구 산남동
④ 서원구 분평동

≫ **Advice** KBS 청주방송총국은 서원구 개신동에 위치하고 있다.

86 청주교육지원청이 위치하고 있는 동은?

① 사직동
② 사창동
③ 산남동
④ 미평동

≫ **Advice** 청주교육지원청은 청주시 서원구 산남동에 위치하고 있다.

답 ≫ 71.③ 72.④ 73.① 74.① 75.④ 76.① 77.③ 78.② 79.① 80.④ 81.④ 82.③ 83.③ 84.④ 85.② 86.③

87 충청북도 교육청이 위치하고 있는 서원구의 동은?

① 장성동
② 죽림동
③ 장암동
④ 산남동

》**Advice** 충청북도 교육청은 청주시 서원구 산남동에 위치하고 있다.

88 다음 중 서원구 미평동에 위치하지 않는 것은?

① 청주서부소방서남부119안전센터
② 이마트 청주점
③ 청주교육대학교
④ 충북도립노인병원

》**Advice** ③ 청주시 서원구 수곡동

89 두진온천사우나가 위치한 곳은?

① 청주시 서원구 사직동
② 청주시 서원구 사창동
③ 청주시 서원구 모충동
④ 청주시 서원구 미평동

》**Advice** 두진온천사우나는 청주시 서원구 사창동에 위치하고 있다.

90 청주국제공항이 위치한 곳은?

① 청원구 북이면 내둔리
② 청원구 내수읍 입상리
③ 청원구 북이면 대율리
④ 청원구 북이면 신대리

》**Advice** 청주국제공항은 청주시 청원구 내수읍 입상리에 위치하고 있다.

91 충북지방경찰청이 위치한 곳은?

① 청주시 청원구 사천동
② 청주시 청원구 오동동
③ 청주시 청원구 주성동
④ 청주시 청원구 우암동

》**Advice** 충북지방경찰청은 청주시 청원구 주성동에 위치하고 있다.

92 청주시예비군훈련장이 위치하고 있는 동은?

① 외평동
② 내덕동
③ 외남동
④ 율량동

》**Advice** 청주시예비군훈련장은 청주시 청원구 율량동에 위치하고 있다.

93 청주시 청원구에 위치하고 있는 기차역이 아닌 것은?

① 내수역
② 청주공항역
③ 오근장역
④ 청주역

》**Advice** ① 청주시 청원구 내수읍 내수리
② 청주시 청원구 내수읍 입상리
③ 청주시 청원구 외남동
④ 청주시 흥덕구 정봉동

94 세종스파텔이 위치한 곳은?

① 청원구 내수읍 우산리
② 청원구 북이면 영하리
③ 청원구 북이면 석화리
④ 청원구 내수읍 초정리

》**Advice** 세종스파텔은 청주시 청원구 내수읍 초정리에 위치하고 있다.

95 청주에듀피아가 위치하고 있는 청원구의 동은?

① 우암동

② 오근장동

③ 내덕1동

④ 내덕2동

》**Advice** 청주에듀피아는 청주시 청원구 내덕2동에 위치하고 있다.

96 충주시청이 위치한 동은?

① 금릉동

② 성남동

③ 교현동

④ 연수동

》**Advice** 충주시청은 충주시 금릉동에 위치하고 있다.

97 충주시를 흐르는 강은?

① 북한강

② 금강

③ 남한강

④ 낙동강

》**Advice** 남한강은 강원도 삼척시 대덕산에서 발원하여 충청북도 충주시와 경기도 남부를 흘러 경기도 양평군 양수리에서 북한강과 합류하여 서해로 흘러드는 강으로 충청북도 충주시 엄정면 율능리는 남한강의 중간에 해당한다.

98 다음 중 충주시에 위치한 기차역이 아닌 것은?

① 목행역

② 충주역

③ 달천역

④ 소이역

》**Advice** ① 충주시 목행동

② 충주시 봉방동

③ 충주시 대소원면 만정리

④ 음성군 소이면 대장리

99 다음 중 충주시에 위치한 대학교가 아닌 것은?

① 한국교통대학교

② 강동대학교

③ 한라대학교

④ 건국대학교

》**Advice** ① 충주시 대소원면 검단리

② 충주시 대소원면 만정리

③ 강원도 원주시 흥업면 흥업리

④ 충주시 단월동

100 다음 중 충주시에 있는 행정구역이 아닌 것은?

① 용관동

② 지현동

③ 충의동

④ 죽림동

》**Advice** ④ 청주시에 있는 행정구역이다.

101 충청북도 충주의료원이 위치한 동은?

① 안림동

② 연수동

③ 교현동

④ 호암동

》**Advice** 충청북도 충주의료원은 충주시 안림동에 위치하고 있다.

102 탄금대가 위치하고 있는 동은?

① 달천동

② 문화동

③ 칠금동

④ 호암동

》**Advice** 탄금대는 충주시 칠금동에 위치하고 있다.

103 다음 중 충주시 칠금동에 위치하지 않은 것은?

① 탄금공원
② 충주공용버스터미널
③ 충주탄금초등학교
④ 충주세무서

》 Advice ④ 충주시 금릉동에 위치하고 있다.

104 충주호가 위치한 곳은?

① 교현동
② 목벌동
③ 종민동
④ 안림동

》 Advice 충주호는 충주시 종민동에 위치하고 있다.

105 충주만민교회가 소재한 동은?

① 연수동
② 목행동
③ 풍동
④ 성서동

》 Advice 충주만민교회는 충주시 연수동에 위치하고 있다.

106 다음 중 교현동에 위치하고 있는 곳이 아닌 것은?

① 충주종합운동장
② 충주교육지원청
③ 충주시립도서관
④ 충주경찰서

》 Advice ② 충주시 성내동에 위치하고 있다.

107 리쿼리움이 위치한 곳은?

① 충주시 연수동
② 충주시 금가면 원포리
③ 충주시 중앙탑면 탑평리
④ 충주시 중앙탑면 용전리

》 Advice 리쿼리움은 충주시 중앙탑면 탑평리에 위치하고 있다.

108 문성자연휴양림이 위치한 곳은?

① 충주시 주덕읍 덕련리
② 충주시 노은면 문성리
③ 충주시 노은면 신효리
④ 충주시 노은면 연하리

》 Advice 문성자연휴양림은 충주시 노은면 문성리에 위치하고 있다.

109 충주역 앞을 가로지르는 도로명은?

① 충원대로
② 중원대로
③ 사직로
④ 예성로

》 Advice 충원대로는 충주시 단월동 유주막삼거리와 강원도 원주시 흥업면 매지 교차로 북단을 잇는 도로이다.

110 충주 MBC와 동일한 동에 있지 않는 것은?

① 충주수영장
② 호암예술관
③ 나눔의 집
④ 충주학생도서관

》 Advice 충주 MBC는 충주시 호암동에 위치하고 있다.
① 충주시 봉방동에 위치하고 있다.

111 다음 중 증평군청 맞은편에 위치한 것은?

① 증평읍사무소
② 실버공원
③ 증평소방서
④ 증평시외버스터미널

》**Advice** 증평군청 맞은편에는 증평시외버스터미널이 위치하고 있다.

112 다음 중 청주시 청원구 – 증평군 – 음성군 – 충주시를 경유하는 도로는?

① 중부로
② 삼보로
③ 충청대로
④ 초정약수로

》**Advice** 충청대로는 충청북도 청주시 청원구 내덕동 내덕칠거리와 충주시 주덕읍 신양리 주덕 교차로를 잇는 충청북도의 도로이다. 명칭은 청주와 충주를 연결하는 충북의 대표적인 상징도로라는 의미가 담겨 있다. 청주시와 도로명주소가 동일하나, 음성군과 증평군, 충주시는 서로 다른 도로명주소를 사용하고 있다. 북쪽으로 향하면 중원대로와 연결되고, 남쪽은 상당로와 연결된다.

113 다음 중 증평역이 위치한 곳은?

① 초중리
② 내성리
③ 증천리
④ 신동리

》**Advice** 증평역은 증평군 증평읍 신동리에 위치하고 있다.

114 증평군보건소가 위치한 곳은?

① 초중리
② 내성리
③ 남하리
④ 사곡리

》**Advice** 증평군보건소는 증평군 증평읍 내성리에 위치하고 있다.

115 좌구산 자연휴양림 좌구산천문대가 위치한 곳은?

① 증평읍 용강리
② 증평읍 초중리
③ 도안면 노암리
④ 증평읍 율리

》**Advice** 좌구산 자연휴양림 좌구산천문대는 증평군 증평읍 율리에 위치하고 있다.

116 증평우체국이 위치한 곳은?

① 중동리
② 증평리
③ 초중리
④ 창동리

》**Advice** 증평우체국은 증평군 증평읍 중동리에 위치하고 있다.

117 증평민속체험박물관이 위치한 곳은?

① 남하리
② 초중리
③ 미암리
④ 송산리

》**Advice** 증평민속체험박물관은 증평군 증평읍 남하리에 위치하고 있다.

118 증평소방서가 위치한 곳은?

① 증평읍 연탄리
② 증평읍 초중리
③ 증평읍 장동리
④ 증평읍 증천리

》**Advice** 증평소방서는 증평군 증평읍 장동리에 위치하고 있다.

119 다음 중 증평군에 위치한 산이 아닌 것은?

① 이성산
② 삼발랭산
③ 좌구산
④ 산보산

> Advice ① 증평군 도안면 노암리
②	증평군 증평읍 초중리
③	증평군 증평읍 율리
④	청주시 청원구 북이면 호명리

120 다음 중 510번 지방도가 지나가는 곳이 아닌 곳은?

① 연탄사거리
② 송산교차로
③ 미암사거리
④ 율리삼거리

> Advice 510번 지방도는 증평읍에서 연탄교 – 연탄사거리 – 송산리 – 송산교차로 – 미암사거리 – 미암리 – 똥골고개, 도안면에서 똥골고개 – 노암리 – 노암삼거리 – 광덕사거리 – 석곡리를 경유한다.

121 다음 중 진천군에 없는 것은?

① 진천군청
② 진천역
③ 우석대학교
④ 메가박스

> Advice 진천역은 진천군에 위치하지 않는다.

122 다음 중 진천군 진천읍 읍내리에 위치하지 않은 것은?

① 진천군청
② 진천도서관
③ 진천군보건소
④ 진천성모병원

> Advice ③ 진천군 진천읍 벽암리에 위치하고 있다.

123 진천종합버스터미널이 위치한 곳은?

① 장관리
② 성석리
③ 읍내리
④ 벽암리

> Advice 진천종합버스터미널은 진천군 진천읍 벽암리에 위치하고 있다.

124 생거진천종합운동장이 위치한 곳은?

① 신정리
② 교성리
③ 벽암리
④ 원덕리

> Advice 생거진천종합운동장은 진천군 진천읍 교성리에 위치하고 있다.

125 다음 중 백곡저수지가 위치한 곳은?

① 진천읍 장관리
② 문백면 은탄리
③ 초평면 화산리
④ 진천읍 건송리

> Advice 백곡저수지는 진천군 진천읍 건송리에 위치하고 있다.

126 다음 중 진천군에 위치한 저수지가 아닌 곳은?

① 신척저수지
② 초평저수지
③ 옥산저수지
④ 상장저수지

> Advice ① 덕산면 신척리
②	초평면 화산리
③	문백면 옥성리
④	천안시 동남구 동면 죽계리

127 보탑사가 위치한 곳은?

① 진천읍 행정리
② 진천읍 연곡리
③ 초평면 은암리
④ 문백면 옥성리

》**Advice** 보탑사는 진천군 진천읍 연곡리에 위치하고 있다.

128 진천농다리가 위치한 곳은?

① 덕산면 기전리
② 문백면 구곡리
③ 문백면 옥성리
④ 초평면 영구리

》**Advice** 진천농다리는 진천군 문백면 구곡리에 위치하고 있다.

129 진천군청에서 진천종박물관을 갈 경우 통과해야 하는 도로 및 교차로가 아닌 것은?

① 문화로
② 백곡로
③ 행정교차로
④ 신성사거리

》**Advice** 진천군청에서 진천종박물관으로 갈 경우 군청사거리에서 우회전 한 후 문화로를 따라 직진하다 벽암사거리에서 좌회전 후 백곡로를 따라 행정교차로 통과 후 계속 직진하면 좌측에 진천종박물관이 나온다.

130 다음 중 진천군 진천읍 교성리에 위치한 것은?

① 진천군민회관
② 충청북도진천교육지원청
③ 청주지방법원 진천군법원
④ 진천여성회관

》**Advice** ① 진천읍 읍내리
② 진천읍 읍내리
③ 진천읍 교성리
④ 진천읍 읍내리

131 다음 중 보은군에 위치한 읍·면이 아닌 것은?

① 보은읍
② 장안면
③ 수한면
④ 도안면

》**Advice** ④ 증평군에 해당한다.

132 보은군청이 위치한 곳은?

① 보은읍 성주리
② 보은읍 교사리
③ 수한면 소계리
④ 보은읍 이평리

》**Advice** 보은군청은 보은군 보은읍 이평리에 위치하고 있다.

133 보은시외버스터미널이 위치한 곳은?

① 보은군 보은읍 삼산리
② 보은군 보은읍 장신리
③ 보은군 보은읍 죽전리
④ 보은군 보은읍 지산리

》**Advice** 보은시외버스터미널은 보은군 보은읍 삼산리에 위치하고 있다.

134 보은군청 사거리를 통과하며 보은군과 청주시 남일면을 연결하는 도로는?

① 안내보은로
② 보청대로
③ 미정로
④ 동학로

》**Advice** 보청대로는 충청북도 보은군 마로면 적암리에서 청주시 남일면 두산리에 위치한 두산 삼거리에 이르는 도로이다.

135 보은경찰서가 위치한 곳은?

① 보은군 보은읍 어암리
② 보은군 보은읍 월송리
③ 보은군 보은읍 장신리
④ 보은군 보은읍 죽전리

〉Advice 보은경찰서는 보은군 보은읍 장신리에 위치하고 있다.

136 충북알프스 자연휴양림이 위치한 곳은?

① 보은군 산외면 백석리
② 보은군 보은읍 종곡리
③ 보은군 내북면 상궁리
④ 보은군 산외면 장갑리

〉Advice 충북알프스 자연휴양림은 보은군 산외면 장갑리에 위치
하고 있다.

137 법주사가 위치한 곳은?

① 보은군 장안면 장재리
② 보은군 속리산면 사내리
③ 보은군 탄부면 상장리
④ 보은군 삼승면 내망리

〉Advice 법주사는 보은군 속리산면 사내리에 위치하고 있다.

138 뱃들로와 보청대로를 따라 흐르는 하천은 무엇인가?

① 항건천
② 보청천
③ 거현천
④ 초강천

〉Advice 보청천은 충청북도 보은군 내북면과 회북면의 경계에 있
는 구룡산 부근에서 발원하여 보은군과 옥천군 지역을
남류하여 금강으로 흘러드는 하천이다.

139 다음 중 보은군 보은읍 삼산리에 위치하고 있는 곳
이 아닌 것은?

① 보은전통시장
② 보은시외버스터미널
③ 보은우체국
④ 보은교육지원청

〉Advice ④ 보은군 보은읍 장신리에 위치하고 있다.

140 보은연세병원에서 보은경찰서로 갈 경우 경유해야
하는 도로가 아닌 것은?

① 뱃들로
② 납무로
③ 보은로
④ 삼산남로

〉Advice 뱃들로→남부로→삼산남로를 경유하게 된다.

CHAPTER

충청남도

1 공주시에 위치한 행정구역이 아닌 것은?

① 반죽동
② 봉황동
③ 신관동
④ 성정동

〉〉 **Advice** ④ 천안시에 위치하고 있다.

2 다음 중 공주시 무령왕릉이 소재한 동은?

① 옥룡동
② 금성동
③ 금학동
④ 산성동

〉〉 **Advice** 무령왕릉은 공주시 금성동에 위치하고 있다.

3 공주시청과 공주교육대학교가 소재하고 있는 동은?

① 중학동
② 신기동
③ 금흥동
④ 봉황동

〉〉 **Advice** 공주시청, 공주교육대학교는 모두 공주시 봉황동에 위치
하고 있다.

4 공주시외버스터미널 건너편에 위치한 것은?

① 시내버스터미널
② 공주여자중학교
③ 공주교육지원청
④ 공산성

〉〉 **Advice** 공주시외버스터미널 건너편에는 세계문화유산인 공산성
이 위치하고 있다.

5 공주 공산성의 소재지는?

① 공주시 신관동
② 공주시 반죽동
③ 공주시 웅진동
④ 공주시 금성동

〉〉 **Advice** 공산성은 공주시 금성동에 위치하고 있다.

6 다음 중 공주시 쌍신동과 금성동을 연결하는 다리는?

① 공주대교
② 백제큰다리
③ 웅진대교
④ 청벽대교

〉〉 **Advice** 백제큰다리는 충청남도 공주시 쌍신동과 금성동을 연결
하는 다리이다.

7 공주시 신관동에 위치하고 있지 않은 것은?

① 공주종합버스터미널
② 공주대학교
③ 공주시보건소
④ 국립공주박물관

〉 **Advice** 국립공주박물관은 공주시 웅진동에 위치하고 있다.

8 다음 중 공주시 웅진동에 위치하고 있지 않은 것은?

① 송산리 고분군
② 공주한옥마을
③ 공주소방서
④ 공주시보건소

〉 **Advice** ④ 공주시 신관농에 위치하고 있다.

9 마곡사가 위치한 곳은?

① 공주시 사곡면 가교리
② 공주시 사곡면 고당리
③ 공주시 사곡면 운암리
④ 공주시 사곡면 호계리

〉 **Advice** 마곡사는 공주시 사곡면 운암리에 위치하고 있다.

10 이안숲속이 위치한 곳은?

① 공주시 계룡면 내흥리
② 공주시 반포면 마암리
③ 공주시 계룡면 기산리
④ 공주시 소학동

〉 **Advice** 이안숲속은 공주시 반포면 마암리에 위치하고 있다.

11 천안시청이 위치한 곳은?

① 천안시 서북구 불당동
② 천안시 서북구 쌍용동
③ 천안시 서북구 백석동
④ 천안시 서북구 성정동

〉 **Advice** 천안시청은 천안시 서북구 불당동에 위치하고 있다.

12 나사렛대학교와 가장 가까운 지하철역은?

① 아산역
② 천안역
③ 쌍용역
④ 두정역

〉 **Advice** 지하철 1호선 쌍용역은 나사렛대학교 앞에 있다.

13 다음 중 천안시 서북구 업성동에 소재하고 있지 않은 것은?

① 충남천안서북경찰서
② 업성저수지
③ 천안시농수산물도매시장
④ 천안승마클럽

〉 **Advice** ③ 천안시 서북구 신당동에 위치하고 있다.

14 어룡농원이 위치한 곳은?

① 천안시 서북구 성환읍 성환리
② 천안시 서북구 성환읍 왕림리
③ 천안시 서북구 성환읍 신방리
④ 천안시 서북구 성환읍 어룡리

〉 **Advice** 어룡농원은 천안시 서북구 성환읍 어룡리에 위치하고 있다.

15 천안시 서북구청 앞을 지나는 도로명은?

① 번영로
② 봉주로
③ 망향로
④ 단대로

〉〉**Advice** 봉주로는 충청남도 천안시 서북구 직산읍 삼은리와 성거읍 저리를 연결하는 도로이다.

16 유관순체육관이 위치한 곳은?

① 천안시 서북구 성정동
② 천안시 서북구 쌍용동
③ 천안시 서북구 성성동
④ 천안시 서북구 백석동

〉〉**Advice** 유관순체육관은 천안시 서북구 백석동에 위치하고 있다.

17 천안시 서북구청이 위치한 곳은?

① 서북구 성거읍 소우리
② 서북구 성거읍 신월리
③ 서북구 업성동
④ 서북구 불당동

〉〉**Advice** 천안시 서북구청은 천안시 서북구 성거읍 신월리에 위치하고 있다.

18 우리역사문화협동조합이 위치한 곳은?

① 서북구 입장면 가산리
② 서북구 성거읍 오목리
③ 서북구 성거읍 요방리
④ 서북구 직산읍 삼은리

〉〉**Advice** 우리역사문화협동조합은 천안시 서북구 직산읍 삼은리에 위치하고 있다.

19 봉선홍경사사적갈비가 위치한 곳은?

① 서북구 성환읍 대홍리
② 서북구 성환읍 어룡리
③ 서북구 성환읍 복모리
④ 서북구 성환읍 안궁리

〉〉**Advice** 봉선홍경사사적갈비는 천안시 서북구 성환읍 대홍리에 위치하고 있다.

20 천안시민문화여성회관 성환분관 앞을 지나 남산동 사거리를 통과하여 봉선홍경사사적갈비 옆을 지나는 도로는?

① 삼성대로
② 천안대로
③ 서부대로
④ 쌍용대로

〉〉**Advice** 천안대로는 충청남도 천안시 동남구 목천읍 삼성리와 서북구 성환읍 안궁리를 연결하는 도로이다.

21 신세계백화점 충청점이 소재한 곳은?

① 천안시 동남구 원성동
② 천안시 동남구 유량동
③ 천안시 동남구 신부동
④ 천안시 동남구 구성동

〉〉**Advice** 신세계백화점 충청점은 천안시 동남구 신부동에 위치해 있다.

22 천안시 중앙도서관이 소재한 곳은?

① 동남구 문화동
② 동남구 대홍동
③ 동남구 원성1동
④ 동남구 원성2동

〉〉**Advice** 천안시 중앙도서관은 천안시 동남구 원성1동에 위치한다.

23 지하철 1호선 천안역이 위치한 곳은?

① 동남구 원성동
② 동남구 대흥동
③ 동남구 영성동
④ 동남구 사직동

〉Advice 지하철 1호선 천안역은 천안시 동남구 대흥동에 위치하고 있다.

24 천안시 동남구청이 위치한 곳은?

① 동남구 원성동
② 동남구 오룡동
③ 동남구 문화동
④ 동남구 영성동

〉Advice 천안시 동남구청은 천안시 동남구 문화동에 위치하고 있다.

25 상록리조트가 소재한 곳은?

① 천안시 동남구 수신면 장산리
② 천안시 동남구 수신면 신풍리
③ 천안시 동남구 성남면 신사리
④ 천안시 동남구 성남면 봉양리

〉Advice 상록리조트는 천안시 동남구 수신면 장산리에 위치하고 있다.

26 천안시 동남구에 소재하는 대학교가 아닌 것은?

① 백석대학교
② 상명대학교
③ 호서대학교
④ 공주대학교

〉Advice ④ 천안시 서북구 부대동에 위치하고 있다.

27 독립기념관이 위치한 곳은?

① 천안시 동남구 삼룡동
② 천안시 동남구 목천읍 남화리
③ 천안시 동남구 목천읍 서흥리
④ 천안시 동남구 안서동

〉Advice 독립기념관은 천안시 동남구 목천읍 남화리에 위치하고 있다.

28 테딘패밀리리조트가 위치한 곳은?

① 천안시 동남구 목천읍 운전리
② 천안시 동남구 목천읍 신계리
③ 천안시 동남구 성남면 용원리
④ 천안시 동남구 성남면 신사리

〉Advice 테딘패밀리리조트는 천안시 동남구 성남면 용원리에 위치하고 있다.

29 다음 중 천안시 동남구에 소재하지 않은 것은?

① 유관순 열사 유적지
② 독립기념관
③ 망경대
④ 중앙소방학교

〉Advice ① 천안시 동남구 병천면 탑원리
② 천안시 동남구 목천읍 남화리
③ 세종특별자치시 전동면 봉대리
④ 천안시 동남구 유량동

30 천안시 동남구의 산방천을 옆을 지나는 도로로 신방동에서 병천면까지 연결된 도로명은?

① 남부대로
② 천안대로
③ 삼성대로
④ 온천대로

〉Advice 남부대로는 충청남도 천안시 동남구 신방동에서 병천면 탑원리까지 연결되는 도로이다.

31 천안종합버스터미널이 위치한 곳은?

① 동남구 안서동
② 동남구 유량동
③ 동남구 신부동
④ 동남구 원성동

〉Advice 천안종합버스터미널은 천안시 동남구 신부동에 위치하고 있다.

32 순천향대학교 천안병원 앞에 위치한 지하철역은?

① 천안역
② 쌍용역
③ 봉명역
④ 아산역

〉Advice 순천향대학교 천안병원은 천안시 동남구 봉명동에 위치하고 있으며 봉명역 앞에 있다.

33 천안세무서가 위치한 곳은?

① 동남구 용곡동
② 동남구 구성동
③ 동남구 삼룡동
④ 동남구 청당동

〉Advice 천안세무서는 천안시 동남구 청당동에 위치하고 있다.

34 천안삼거리공원 앞을 지나는 도로명은?

① 충절로
② 충무로
③ 성남로
④ 수신로

〉Advice 충절로는 충청남도 천안시 동남구 신부동을 기점으로 천안시 동면 덕성리까지 이어지는 도로이다.

35 다음 중 천안시 동남구에 위치한 장소가 아닌 것은?

① 휴대폰거리
② 남산
③ 천안박물관
④ 천안축구센터

〉Advice ① 천안시 동남구 성황동
② 천안시 동남구 사직동
③ 천안시 동남구 삼룡동
④ 천안시 서북구 성정동

36 다음 중 청원군에 위치하는 행정구역이 아닌 것은?

① 대치면
② 청남면
③ 의당면
④ 화성면

〉Advice 공주시에 위치한다.

37 청양군은 면사무소의 수는?

① 7개
② 8개
③ 9개
④ 10개

〉Advice 청양군은 청양읍과 운곡면, 대치면, 정산면, 목면, 청남면, 장평면, 남양면, 화성면, 비봉면으로 되어 있다.

38 청양군청이 위치한 곳은?

① 청양읍 읍내리
② 청양읍 송방리
③ 청양읍 벽천리
④ 청양읍 군량리

〉Advice 청양군청은 청양군 청양읍 송방리에 위치하고 있다.

39 청양 고추박물관이 위치한 곳은?

① 청양읍 적누리
② 청양읍 군량리
③ 남양면 금정리
④ 남양면 봉암리

〉**Advice** 고추박물관은 청양군 청양읍 군량리에 위치하고 있다.

40 다음 중 충남도립대학교가 위치한 곳은?

① 공주시
② 청양군
③ 홍성군
④ 논산시

〉**Advice** 충남도립대학교는 충청남도 청양군 정앙읍 벽천리에 위치하고 있다.

41 칠갑산 도립공원이 위치한 곳은?

① 청양군 대치면 광대리
② 청양군 대치면 탄정리
③ 청양군 장평면 지천리
④ 청양군 대치면 장곡리

〉**Advice** 칠갑산 도립공원은 청양군 대치면 장곡리에 위치하고 있다.

42 청양군의 대표적인 장승문화축제가 열리는 장승공원의 소재지는?

① 대치면 장곡리
② 대치면 탄정리
③ 청양읍 군량리
④ 화성면 화강리

〉**Advice** 칠갑산 장승문화축제는 청양군 대치면 장곡리에 위치한 장승공원에서 개최된다.

43 천주교청양다락골줄무덤성지가 위치한 곳은?

① 화성면 산정리
② 화성면 구재리
③ 화성면 신정리
④ 화성면 화강리

〉**Advice** 천주교청양다락골줄무덤성지는 청양군 화성면 화강리에 위치한다.

44 고운식물원이 위치한 곳은?

① 청양군 청양읍 송방리
② 청양군 청양읍 읍내리
③ 청양군 청양읍 군량리
④ 청양군 청양읍 벽천리

〉**Advice** 고운식물원은 청양군 청양읍 군량리에 위치한다.

45 다음 중 청양읍 내에 위치하지 않은 것은?

① 청양시외버스터미널
② 청양군보건의료원
③ 원앙공원
④ 매산지

〉**Advice** ④ 청양군 화성면 매산리에 위치하고 있다.

46 다음 중 충청남도청이 위치한 곳은?

① 예산군
② 홍성군
③ 태안군
④ 부여군

〉**Advice** 충청남도청은 홍성군 홍북면 신경리에 위치하고 있다.

47 다음 중 홍성군에 위치한 행정구역이 아닌 것은?

① 장곡면
② 서부면
③ 갈산면
④ 비봉면

》**Advice** 비봉면은 청양군에 위치한다.

48 용봉산 자연휴양림이 위치한 곳은?

① 홍성군 홍북면 상하리
② 홍성군 홍북면 대동리
③ 홍성군 홍북면 석택리
④ 홍성군 홍북면 신정리

》**Advice** 용봉산 자연휴양림은 홍성군 홍북면 상하리에 위치하고 있다.

49 남당항이 위치한 곳은?

① 홍성군 결성면 성호리
② 홍성군 서부면 판교리
③ 홍성군 서부면 궁리
④ 홍성군 서부면 남당리

》**Advice** 남당항은 홍성군 서부면 남당리에 위치하고 있다.

50 홍성역 주변에 위치하지 않은 것은?

① 홍성종합터미널
② 충청남도홍성의료원
③ 홍성읍사무소
④ 홍성중학교

》**Advice** 홍성읍사무소는 홍성군 홍성읍 오관리에 위치하며 홍성군청 근처에 있다.

51 다음 중 홍성군에 위치한 기차역이 아닌 것은?

① 신성역
② 광천역
③ 홍성역
④ 삽교역

》**Advice** 삽교역은 예산군 삽교읍 신가리에 위치한다.

52 다음 중 홍성군에 위치한 저수지가 아닌 것은?

① 장곡저수지
② 화신저수지
③ 행정저수지
④ 성연저수지

》**Advice** ① 홍성군 장곡면 죽전리
　　　　② 홍성군 장곡면 신동리
　　　　③ 홍성군 장곡면 행정리
　　　　④ 보령시 청소면 성연리

53 홍주문화회관이 위치한 곳은?

① 홍성군 홍성읍 소향리
② 홍성군 홍성읍 월산리
③ 홍성군 홍성읍 오관리
④ 홍성군 홍성읍 옥암리

》**Advice** 홍주문화회관은 홍성군 홍성읍 옥암리에 위치하고 있다.

54 홍성소방서가 위치한 곳은?

① 금마면 장성리
② 홍동면 구정리
③ 홍성읍 구룡리
④ 홍성읍 옥암리

》**Advice** 홍성소방서는 홍성군 홍성읍 구룡리에 위치하고 있다.

55 홍성종합터미널이 위치한 곳은?

① 홍성읍 오관리
② 홍성읍 월산리
③ 홍성읍 옥암리
④ 홍성읍 고암리

 〉 **Advice** 홍성종합터미널은 홍성군 홍성읍 고암리에 위치하고 있다.

56 그림이 있는 정원이 위치한 곳은?

① 홍성군 광천읍 벽계리
② 홍성군 광천읍 매현리
③ 홍성군 광천읍 신진리
④ 홍성군 광천읍 옹암리

 〉 **Advice** 그림이 있는 정원은 홍성군 광천읍 매현리에 위치하고 있다.

57 서산A지구방조제가 위치한 곳은?

① 홍성군 서부면 궁리
② 홍성군 서부면 광리
③ 홍성군 서부면 이호리
④ 홍성군 서부면 어사리

 〉 **Advice** 서산A지구방조제는 홍성군 서부면 궁리에 위치하고 있다.

58 홍성온천관광호텔이 위치한 곳은?

① 홍성읍 대교리
② 홍성읍 오관리
③ 홍성읍 남장리
④ 구항면 마온리

 〉 **Advice** 홍성온천관광호텔은 홍성군 홍성읍 오관리에 위치하고 있다.

59 홍성민속테마박물관이 위치한 곳은?

① 구항면 황곡리
② 홍성읍 월산리
③ 홍성읍 남장리
④ 구항면 오봉리

 〉 **Advice** 홍성민속테마박물관은 홍성군 구항면 황곡리에 위치하고 있다.

60 다음 중 충남 논산시의 행정구역이 아닌 것은?

① 화지동
② 반월동
③ 목천읍
④ 연무읍

 〉 **Advice** ③ 천안시 동남구에 위치한다.

61 연무대육군훈련소가 위치한 곳은?

① 논산시 은진면 교촌리
② 논산시 연무읍 마산리
③ 논산시 가야곡면 종연리
④ 논산시 가야곡면 강청리

 〉 **Advice** 연무대육군훈련소는 논산시 연무읍 마산리에 위치한다.

62 논산시에 위치한 기차역이 아닌 것은?

① 강경역
② 연무대역
③ 연산역
④ 용동역

 〉 **Advice** 용동역은 전라북도 익산시 용동면 구산리에 위치하고 있다.

63 논산역이 위치한 동은?

① 취암동
② 반월동
③ 대교동
④ 화지동

>> **Advice** 논산역은 논산시 반월동에 위치하고 있다.

64 다음 중 논산시에 위치한 버스터미널이 아닌 것은?

① 논산시외버스공용터미널
② 연무대고속버스터미널
③ 대둔산공용버스터미널
④ 강경시외버스터미널

>> **Advice** ① 논산시 취암동
② 논산시 연무읍 안심리
③ 전라북도 완주군 운주면 산북리
④ 논산시 강경읍 대흥리

65 다음 중 강경읍에 위치하지 않는 것은?

① 옥녀봉
② 대전지방검찰청 논산지청
③ 채운산
④ 견훤왕릉

>> **Advice** ① 논산시 강경읍 북옥리
② 논산시 강경읍 대흥리
③ 논산시 강경읍 채산리
④ 논산시 연무읍 금곡리

66 논산시 가야곡면과 부적면에 걸쳐 있는 저수지로 논산저수지라고도 불리는 곳은?

① 충주호
② 탑정호
③ 대청호
④ 진양호

>> **Advice** 탑정호는 충남 논산시 가야곡면과 부적면에 걸쳐 있는 저수지로 논산시 부적면 신풍리에 위치하고 있다.

67 논산시 강경읍부터 대전광역시까지 연결된 도로명은?

① 계백로
② 강경로
③ 옥녀봉로
④ 채운로

>> **Advice** 계백로는 충청남도 논산시 강경읍에서 시작하여, 대전광역시 중구 용두동을 거쳐 연결하는 도로이다.

68 백제병원이 위치한 곳은?

① 논산시 내동
② 논산시 강산동
③ 논산시 취암동
④ 논산시 대교동

>> **Advice** 백제병원은 논산시 취암동에 위치하고 있다.

69 홈플러스 논산점이 위치한 동은?

① 화지동
② 등화동
③ 관촉동
④ 내동

>> **Advice** 홈플러스 논산점은 논산시 내동에 위치하고 있다.

70 다음 중 논산시 연산면에 위치한 것은?

① 돈암서원
② 계백장군묘역
③ 백제군사박물관
④ 관촉사

〉〉Advice ① 논산시 연산면 임리
② 논산시 부적면 신풍리
③ 논산시 부적면 신풍리
④ 논산시 관촉동

71 예산군에 속해 있는 행정구역이 아닌 곳은?

① 대흥면
② 덕산면
③ 신암면
④ 금마면

〉〉Advice ④ 홍성군에 위치해 있다.

72 예당저수지가 위치해 있는 소재지는?

① 예산군 응봉면
② 예산군 대흥면
③ 예산군 광시면
④ 예산군 오가면

〉〉Advice 예당저수지는 예산군 응봉면에 위치해 있다.

73 예산군청이 위치해 있는 소재지는?

① 예산읍 향천리
② 예산읍 대회리
③ 예산읍 예산리
④ 오가면 신장리

〉〉Advice 예산군청은 예산군 예산읍 예산리에 위치해 있다.

74 다음 중 예산읍에 위치해 있지 않은 것은?

① 예산군보건소
② 예산경찰서
③ 예산종합터미널
④ 예산소방서

〉〉Advice 예산소방서는 예산군 오가면 역탑리에 위치해 있다.

75 수덕사가 위치한 곳은?

① 예산군 덕산면 사천리
② 예산군 덕산면 둔리
③ 예산군 덕산면 시량리
④ 예산군 봉산면 사석리

〉〉Advice 수덕사는 예산군 덕산면 사천리에 위치해 있다.

76 리솜스파캐슬덕산이 위치한 곳은?

① 예산군 덕산면 사동리
② 예산군 덕산면 시량리
③ 예산군 삽교읍 신리
④ 예산군 삽교읍 이리

〉〉Advice 리솜스파캐슬덕산은 예산군 덕산면 사동리에 위치해 있다.

77 추사고택이 위치한 곳은?

① 예산군 신암면 조곡리
② 예산군 신암면 별리
③ 예산군 신암면 용궁리
④ 예산군 오가면 신석리

〉〉Advice 추사고택은 예산군 신암면 용궁리에 위치해 있다.

78 덕산온천관광호텔이 위치한 곳은?

① 예산군 덕산면 옥계리
② 예산군 덕산면 사동리
③ 예산군 덕산면 사천리
④ 예산군 덕산면 대동리

》**Advice** 덕산온천관광호텔은 예산군 덕산면 사동리에 위치해 있다.

79 예산종합병원이 위치한 곳은?

① 예산읍 향천리
② 예산읍 산성리
③ 예산읍 대회리
④ 대흥면 손지리

》**Advice** 예산종합병원은 예산군 예산읍 산성리에 위치하고 있다.

80 예산역이 위치한 곳은?

① 예산읍 주교리
② 오가면 역탑리
③ 삽교읍 상성리
④ 예산읍 산성리

》**Advice** 예산역은 예산군 예산읍 산성리에 위치해 있다.

81 계룡시의 행정구역으로 옳지 않은 것은?

① 금암동
② 두마면
③ 엄사면
④ 성동면

》**Advice** ④ 논산시에 위치한다.

82 계룡시청이 위치한 곳은?

① 두마면
② 엄사면
③ 신도란면
④ 금암동

》**Advice** 계룡시청은 계룡시 금암동에 위치하고 있다.

83 계룡역이 위치한 곳은?

① 두마면 농소리
② 두마면 두계리
③ 두마면 입암리
④ 두마면 왕대리

》**Advice** 계룡역은 계룡시 두마면 두계리에 위치해 있다.

84 홈플러스 계룡점이 위치한 곳은?

① 두마면
② 엄사면
③ 금암동
④ 신도안면

》**Advice** 홈플러스 계룡점은 계룡시 금암동에 위치해 있다.

85 쌈채피망청정 정보화마을이 위치한 곳은?

① 계룡시 엄사면 도곡리
② 계룡시 엄사면 유동리
③ 계룡시 엄사면 광석리
④ 계룡시 엄사면 향한리

》**Advice** 쌈채피망청정 정보화마을은 계룡시 엄사면 광석리에 위치해 있다.

86 두마신원재가 위치한 곳은?

① 계룡시 두마면 입암리
② 계룡시 두마면 왕대리
③ 계룡시 두마면 두계리
④ 계룡시 두마면 농소리

>> Advice 두마신원재는 계룡시 두마면 왕대리에 위치해 있다.

87 다음 중 계룡시에 위치한 다리가 아닌 것은?

① 팥죽다리
② 멍구지다리
③ 독쟁이다리
④ 원정구름다리

>> Advice ① 계룡시 두마면 누계리
② 계룡시 금암동
③ 계룡시 금암동
④ 대전광역시 서구 원정동

88 계룡종합운동장이 위치한 행정구역은?

① 금암동
② 두마면
③ 엄사면
④ 신도안면

>> Advice 계룡종합운동장은 계룡시 엄사면 유동리에 위치하고 있다.

89 대전우편집중국이 위치한 도시는?

① 논산시
② 계룡시
③ 천안시
④ 아산시

>> Advice 대전우편집중국은 계룡시 두마면 왕대리에 위치한다.

90 다음 중 계룡산이 위치한 곳은?

① 계룡시 엄사면 유동리
② 계룡시 엄사면 엄사리
③ 계룡시 신도안면 부남리
④ 계룡시 신도안면 석계리

>> Advice 계룡산은 계룡시 신도안면 부남리에 위치하고 있다.

91 태안군의 행정구역에 해당하지 않는 곳은?

① 태안읍
② 안면읍
③ 고남면
④ 장곡면

>> Advice ④ 홍성군에 위치하다.

92 안면도자연휴양림이 위치한 곳은?

① 태안군 안면읍 승언리
② 태안군 남면 양잠리
③ 태안군 남면 신장리
④ 태안군 안면읍 중장리

>> Advice 안면도자연휴양림은 태안군 안면읍 승언리에 위치한다.

93 드르니항이 위치한 곳은?

① 태안군 안면읍 정당리
② 태안군 안면읍 창기리
③ 태안군 남면 신온리
④ 태안군 남면 원청리

>> Advice 드르니항은 태안군 남면 신온리에 위치한다.

94 다음 중 태안군에 위치하지 않는 해수욕장은?

① 몽산포해수욕장
② 꽃지해수욕장
③ 몽산포해수욕장
④ 원산도해수욕장

〉 Advice ① 태안군 남면 신장리
② 태안군 안면읍 승언리
③ 태안군 남면 신장리
④ 보령시 오천면 원산도리

95 만리포해수욕장이 위치한 곳은?

① 태안군 소원면 파도리
② 태안군 소원면 모항리
③ 태안군 근흥면 정죽리
④ 태안군 근흥면 도황리

〉 Advice 만리포해수욕장은 태안군 소원면 모항리에 위치한다.

96 다음 중 태안군 소원면 의항리에 위치하지 않는 곳은?

① 천리포수목원
② 백리포해수욕장
③ 태배전망대
④ 모항항

〉 Advice ④ 태안군 소원면 모항리에 위치한다.

97 태안군에서 경기도 안산까지 연결되는 도로명은?

① 안면대로
② 서해로
③ 동백로
④ 후곡로

〉 Advice 서해로는 충청남도 태안군 소원면 만리포항과 경기도 안산시 상록구 건건동 시 경계를 잇는 도로이다.

98 태안해양경비안전서가 위치한 곳은?

① 태안읍 장산리
② 태안읍 남문리
③ 태안읍 동문리
④ 태안읍 평천리

〉 Advice 태안해양경비안전서는 태안군 태안읍 장산리에 위치하고 있다.

99 안면도수산시장이 위치한 곳은?

① 태안군 남면 신온리
② 태안군 남면 당암리
③ 태안군 근흥면 정죽리
④ 태안군 안면읍 승언리

〉 Advice 안면도수산시장은 태안군 안면읍 승언리에 위치한다.

100 할미할아비바위가 위치한 해수욕장은?

① 꽃지해수욕장
② 만리포해수욕장
③ 밧개해수욕장
④ 마검포해수욕장

〉 Advice 할미할아비바위는 태안군 안면읍 승언리 산27번지 일대의 꽃지해수욕장에 있는 바위이다.

101 다음 중 금산군의 행정구역이 아닌 것은?

① 금성면
② 제원면
③ 남일면
④ 소원면

〉 Advice ④ 태안군에 위치해 있다.

102 금산군청이 위치한 곳은?

① 제원면 명암리
② 금산읍 상리
③ 금산읍 상옥리
④ 금산읍 아인리

〉Advice 금산군청은 금산군 금산읍 상리에 위치해 있다.

103 금산군보건소가 위치한 곳은?

① 금성면 양전리
② 금성면 의총리
③ 군북면 내부리
④ 금산읍 중도리

〉Advice 금산군보건소는 금산군 금산읍 중도리에 위치해 있다.

104 다음 중 금산군 금산읍 중도리에 위치해 있지 않은 것은?

① 금산인삼약령시장
② 금산인삼호텔
③ 흰털바위공원
④ 금산경찰서

〉Advice ④ 금산군 금산읍 신대리에 위치해 있다.

105 금산군 종합운동장과 금산중앙초등학교 정문을 지나는 도로명은?

① 금산로
② 무금로
③ 인삼로
④ 비단로

〉Advice 금산로는 충청남도 금산군 남일면 솔재와 대전광역시 동구 구도동 남대전 나들목을 잇는 도로이다.

106 개삼터가 위치한 곳은?

① 금산군 남이면 성곡리
② 금산군 남일면 마장리
③ 금산군 남이면 석동리
④ 금산군 남이면 하금리

〉Advice 개삼터는 금산군 남이면 성곡리에 위치하고 있다.

107 남이자연휴양림이 위치한 곳은?

① 금산군 남이면 역평리
② 금산군 진산면 묵산리
③ 금산군 남이면 건천리
④ 금산군 복수면 곡남리

〉Advice 남이자연휴양림은 금산군 남이면 건천리에 위치하고 있다.

108 다음 중 금산군에 위치하는 곳이 아닌 것은?

① 12폭포
② 육백고지
③ 중부대학교
④ 만인산

〉Advice ④ 대전광역시 동구에 위치하고 있다.

109 적벽강이 위치한 소재지는?

① 금산군 부리면 현내리
② 금산군 제원면 금성리
③ 금산군 부리면 수통리
④ 금산군 부리면 선원리

〉Advice 적벽강은 금산군 부리면 수통리에 위치하고 있다.

110 금산군에 위치한 명소가 아닌 것은?

① 천수동계곡
② 서대산드림리조트
③ 장령산자연휴양림
④ 남이자연휴양림

》 **Advice** ③ 옥천군 군서면 금산리

111 부여군 부여읍 동남리에 위치하지 않은 것은?

① 부여군청
② 부여정림사지
③ 부여시외버스터미널
④ 국립부여박물관

》 **Advice** 부여시외버스터미널은 부여군 부여읍 구아리에 위치하고 있다.

112 부여군의 행정구역이 아닌 것은?

① 외산면
② 내산면
③ 구룡면
④ 복수면

》 **Advice** ④ 금산군에 위치하고 있다.

113 백제관광호텔이 위치한 곳은?

① 부여군 부여읍 쌍북리
② 부여군 부여읍 구아리
③ 부여군 규암면 규암리
④ 부여군 규암면 신리

》 **Advice** 백제관광호텔은 부여군 부여읍 쌍북리에 위치하고 있다.

114 궁남지가 위치한 곳은?

① 부여군 부여읍 가탑리
② 부여군 부여읍 염창리
③ 부여군 부여읍 군수리
④ 부여군 부여읍 동남리

》 **Advice** 궁남지는 부여군 부여읍 동남리에 위치하고 있다.

115 다음 중 부여군 부여읍과 규암면을 잇는 다리는?

① 백마강교
② 왕진교
③ 황산대교
④ 웅포대교

》 **Advice** 백마강교는 충청남도 부여군 부여읍과 규암면을 잇는 금강의 다리이다.

116 낙화암 앞을 지나는 강은 무엇인가?

① 적벽강
② 금강
③ 남한강
④ 북한강

》 **Advice** 금강은 부여에서 백마강이라는 별칭으로 불리면서 부소산을 침식하여 백제 멸망사에 일화를 남긴 낙화암이 위치해 있다.

117 다음 중 부여군에 위치하지 않은 것은?

① 능산리 고분군
② 백제문화단지
③ 부소산성
④ 해인사장경판전

》 **Advice** ④ 경상남도 합천군 가야면 치인리에 위치하고 있다.

118 다음 중 부여군에 위치한 세계문화유산으로 지정된 것은?

① 부여나성
② 낙화암
③ 왕흥사지
④ 궁남지

〉**Advice** 부여군의 부여나성과 부여관북리유적, 부소산성이 세계문화유산으로 되어 있다.

119 부여시외버스터미널에서 백제문화단지를 갈 경우 그 경로가 잘못된 것은?

① 정림로 → 계백로 → 백제문로
② 성왕로 → 북포로 → 백제문로
③ 사비로 → 계백로 → 백제문로
④ 성왕로 → 대백제로 → 백제문로

〉**Advice** 성왕로에서 대백제로를 타게 되면 백제문로로 연결될 수 없다.

120 국립부여박물관 입구를 지나는 도로명은?

① 금성로
② 궁남로
③ 석탑로
④ 서동로

〉**Advice** 국립부여박물관 입구를 지나는 도로는 금성로이다.

121 보령시에는 몇 개의 동이 존재하는가?

① 10개
② 15개
③ 20개
④ 25개

〉**Advice** 보령시에는 대천동, 죽정동, 화산동, 동대동, 명천동, 궁촌동, 내항동, 남곡동, 요암동, 신흑동, 대천1동, 대천2동, 대천3동, 대천4동, 대청5동 총 15개의 동과 10개의 면이 존재한다.

122 보령시청이 위치한 동은?

① 대천동
② 궁촌동
③ 명천동
④ 요암동

〉**Advice** 보령시청은 보령시 명천동에 위치하고 있다.

123 다음 중 보령시에 위치하지 않은 기차역은?

① 대천역
② 웅천역
③ 간치역
④ 판교역

〉**Advice** ④ 충청남도 서천군 판교면 저산리에 위치한다.

124 대천해수욕장이 위치한 곳은?

① 보령시 신흑동
② 보령시 화산동
③ 보령시 대천동
④ 보령시 명천동

〉**Advice** 대천해수욕장은 보령시 신흑동에 위치하고 있다.

125 한화리조트 대천파로스가 위치한 곳은?

① 보령시 내항동
② 보령시 남곡동
③ 보령시 요암동
④ 보령시 신흑동

〉**Advice** 한화리조트 대천파로스는 보령시 신흑동에 위치하고 있다.

126 무창포해수욕장이 위치한 곳은?

① 보령시 웅천읍 죽청리
② 보령시 웅천읍 구룡리
③ 보령시 웅천읍 관당리
④ 보령시 웅천읍 독산리

〉**Advice** 무창포해수욕장은 보령시 웅천읍 관당리에 위치하고 있다.

127 다음 중 보령시에 위치한 섬이 아닌 것은?

① 효자도
② 원산도
③ 삽시도
④ 개야도

〉**Advice** 개야도는 전라북도 군산시 옥도면 개야도리에 위치하고 있다.

128 보령시에 위치한 홈플러스가 소재한 동은?

① 명천동
② 대천동
③ 신흑동
④ 동대동

〉**Advice** 홈플러스 보령점은 보령시 명천동에 위치하고 있다.

129 다음 중 보령시에 위치한 항이 아닌 것은?

① 오천항
② 보령항
③ 대천항
④ 홍원항

〉**Advice** 홍원항은 충청남도 서천군 서면 도둔리에 위치한다.

130 개화예술공원이 위치한 곳은?

① 보령시 미산면 풍계리
② 보령시 웅천읍 두룡리
③ 보령시 성주면 개화리
④ 보령시 남포면 봉덕리

〉**Advice** 개화예술공원은 보령시 성주면 개화리에 위치하고 있다.

131 서천군청이 위치한 서천읍 군사리에 소재한 건물이 아닌 것은?

① 서천시외버스터미널
② 서천군보건소
③ 서천우체국
④ 서천역

〉**Advice** 서천역은 서천군 서천읍 화금리에 위치하고 있다.

132 국립생태원이 위치한 곳은?

① 서천군 마서면 옥북리
② 서천군 마서면 계동리
③ 서천군 마서면 송내리
④ 서천군 장항읍 송림리

〉**Advice** 국립생태원은 서천군 마서면 송내리에 위치한다.

133 금강하구둑관광지가 위치한 곳은?

① 서천군 마서면 도삼리
② 서천군 장항읍 송림리
③ 서천군 장항읍 신창리
④ 서천군 마서면 송내리

〉**Advice** 금강하구둑관광지는 서천군 마서면 도삼리에 위치한다.

134 한산모시관이 위치한 곳은?

① 서천군 기산면 화산리
② 서천군 기산면 영모리
③ 서천군 한산면 축동리
④ 서천군 한산면 지현리

〉**Advice** 한산모시관은 서천군 한산면 지현리에 위치한다.

135 신성리 갈대밭이 위치한 서천군의 면은?

① 기산면
② 한산면
③ 판교면
④ 서면

〉**Advice** 신성리 갈대밭은 서천군 한산면 신성리에 위치한다.

136 춘장대해수욕장이 위치한 곳은?

① 서천군 서면 도둔리
② 서천군 서면 원두리
③ 서천군 비인면 성북리
④ 서천군 판교면 홍림리

〉**Advice** 춘장대해수욕장은 서천군 서면 도둔리에 위치한다.

137 마량리동백나무숲이 위치한 곳은?

① 서천군 서면 마량리
② 서천군 서면 신합리
③ 서천군 서면 도둔리
④ 서천군 서면 월호리

〉**Advice** 마량리동백나무숲은 서천군 서면 마량리에 위치한다.

138 다음 중 서천군에 위치한 기차역 중 폐역은?

① 춘장대역
② 원두역
③ 판교역
④ 서천역

〉**Advice** 원두역은 폐역이다.

139 다음 중 장항읍에 위치한 곳이 아닌 것은?

① 서천경찰서
② 서천소방서
③ 서천우체국
④ 국립해양생물자원관

〉**Advice** 서천우체국은 서천군 서천읍 군사리에 위치한다.

140 서천군 – 부여군 – 논산시를 연결하는 도로명은?

① 장천로
② 장산로
③ 대백제로
④ 금강로

〉**Advice** 대백제로는 충청남도 서천군 장항읍에서 시작하여, 논산시 광석면을 거쳐 연결하는 도로이다.

141 아산시의 행정구역으로 보기 어려운 것은?

① 온천동
② 도고면
③ 주교면
④ 온양1동

〉**Advice** ③ 보령시에 위치한다.

142 다음 중 아산시에 소재하는 대학이 아닌 것은?

① 경찰대학
② 순천향대학교
③ 선문대학교
④ 백석대학교

》**Advice** ④ 천안시 동남구 안서동에 위치한다.

143 다음 중 아산시 온천동에 소재하지 않는 것은?

① 아산시청
② 온양온천역
③ 온양관광호텔
④ 온양민속박물관

》**Advice** ④ 아산시 권곡동에 위치한다.

144 아산 스파비스가 위치한 곳은?

① 음봉면 신수리
② 영인면 상성리
③ 영인면 아산리
④ 염치읍 동정리

》**Advice** 아산 스파비스는 아산시 음봉면 신수리에 위치하고 있다.

145 현충사가 위치한 곳은?

① 아산시 탕정면 갈산리
② 아산시 염치읍 백암리
③ 아산시 영인면 아산리
④ 아산시 신창면 읍내리

》**Advice** 현충사는 아산시 염치읍 백암리에 위치한다.

146 충남 아산시에 속해 있는 기차역이 아닌 것은?

① 온양온천역
② 도고온천역
③ 천안아산역
④ 신례원역

》**Advice** ④ 충청남도 예산군 예산읍 신례원리에 위치한다.

147 온양온천이 위치한 동은?

① 온천동
② 온양1동
③ 신인동
④ 법곡동

》**Advice** 온양온천은 아산시 온천동에 위치한다.

148 외암 민속마을이 위치한 곳은?

① 아산시 송악면 송학리
② 아산시 송악면 평촌리
③ 아산시 송악면 외암리
④ 아산시 배방읍 중리

》**Advice** 외암 민속마을은 아산시 송악면 외암리에 위치한다.

149 세계꽃식물원이 소재한 지역은?

① 송악면
② 탕정면
③ 신창면
④ 도고면

》**Advice** 세계꽃식물원은 아산시 도고면 봉농리에 위치한다.

150 피나클랜드가 위치한 곳은?

① 아산시 영인면 신봉리
② 아산시 음봉면 신수리
③ 아산시 신창면 오목리
④ 아산시 영인면 월선리

〉 **Advice** 피나클랜드는 아산시 영인면 월선리에 위치하고 있다.

151 다음 중 서산시 읍내동에 위치하지 않은 것은?

① 서산시청
② 서산교육지원청
③ 서산경찰서
④ 서산공용버스터미널

〉 **Advice** 서산공용버스터미널은 서산시 동문동에 위치해 있다.

152 다음 중 서산시 동문동에 위치하지 않은 것은?

① 서산공용버스터미널
② 서산세무서
③ 서산우체국
④ 서산효요양병원

〉 **Advice** 서산세무서는 서산시 석림동에 위치한다.

153 해미읍성이 위치한 곳은?

① 서산시 해미면 산수리
② 서산시 해미면 대곡리
③ 서산시 해미면 황락리
④ 서산시 해미면 읍내리

〉 **Advice** 해미읍성은 서산시 해미면 읍내리에 위치한다.

154 간월도가 위치한 곳은?

① 서산시 부석면 창리
② 서산시 부석면 마룡리
③ 서산시 인지면 산동리
④ 서산시 부석면 간월도리

〉 **Advice** 간월도는 서산시 부석면 간월도리에 위치한다.

155 다음 중 서산시에서 볼 수 없는 것은?

① 간월암
② 부석사
③ 혜미읍성
④ 죽도

〉 **Advice** 죽도는 충남 홍성군 서부면 죽도리에 위치해 있다.

156 다음 중 그 소재지가 다른 하나는?

① 용현자연휴양림
② 마애삼존불상
③ 상왕산 개심사
④ 서산보원사지

〉 **Advice** ③ 서산시 운산면 신창리에 위치한다.

157 부석사가 위치한 곳은?

① 서산시 부석면 마룡리
② 서산시 부석면 취평리
③ 서산시 인지면 모월리
④ 서산시 부석면 창리

〉 **Advice** 부석사는 서산시 부석면 취평리에 위치해 있다.

158 서산버드랜드가 위치한 행정구역은?

① 인지면
② 부석면
③ 팔봉면
④ 지곡면

〉〉**Advice** 서산버드랜드는 서산시 부석면 창리에 위치해 있다.

159 서산동부시장이 위치한 동은?

① 읍내동
② 동문동
③ 양대동
④ 장동

〉〉**Advice** 서산동부시장은 서산시 동문동에 위치해 있다.

160 서산소방서와 서산경찰서가 위치한 소재지를 바르게 연결한 것은?

① 읍내동 – 동문동
② 읍내동 – 예천동
③ 예천동 – 읍내동
④ 예천동 – 갈산동

〉〉**Advice** 서산소방서는 서산시 예천동에, 서산경찰서는 서산시 읍내동에 위치해 있다.

161 난지도해수욕장이 위치한 곳은?

① 당진시 면천면 원동리
② 당진시 송악읍 청금리
③ 당진시 정미면 수당리
④ 당진시 석문면 난지도리

〉〉**Advice** 난지도해수욕장은 당진시 석문면 난지도리에 위치해 있다.

162 당진시에 위치한 행정구역이 아닌 것은?

① 고대면
② 석문면
③ 순성면
④ 신창면

〉〉**Advice** ④ 아산시에 위치한다.

163 당진시의 행정구역상 동이 아닌 것은?

① 원덩동
② 수청동
③ 화산동
④ 행정동

〉〉**Advice** ③ 보령시에 위치한다.

164 당진버스터미널이 위치한 당진시의 동은?

① 시곡동
② 수청동
③ 대덕동
④ 행정동

〉〉**Advice** 당진버스터미널은 당진시 수청동에 위치한다.

165 당진시네마가 위치한 곳은?

① 읍내동
② 채운동
③ 우두동
④ 원당동

〉〉**Advice** 당진시네마는 당진시 읍내동에 위치한다.

166 장고항이 위치한 곳은?

① 당진시 석문면 교로리
② 당진시 석문면 장고항리
③ 당진시 석문면 삼봉리
④ 서산시 대산읍 대죽리

❯ **Advice** 장고항은 당진시 석문면 장고항리에 위치한다.

167 다음 중 당진시에 소재하는 섬이 아닌 것은?

① 난지도
② 비경도
③ 국화도
④ 대조도

❯ **Advice** ③ 국화도는 경기노 화성시 우정읍 국화리에 위치한디.

168 당진시에 위치하며 일출과 일몰을 동시에 즐길 수 있는 곳은?

① 왜목마을
② 초록마을
③ 훈장마을
④ 한옥마을

❯ **Advice** 왜목마을은 서해안에서 바다 일출을 볼 수 있는 곳으로 알려지면서 유명해진 곳으로, 당진시가 서해에서 반도처럼 북쪽으로 불쑥 솟아 나와 있는데, 이 솟아나온 부분의 해안이 동쪽으로 향해 툭 튀어 나와 있어 동해안과 같은 방향으로 되어 있기 때문에 동해안에서와 같은 일출을 볼 수 있다. 왜목마을은 일출과 함께 일몰을 함께 볼 수 있다는 것이 매력적이다.

169 한진포구가 위치한 곳은?

① 당진시 송악읍 부곡리
② 당진시 신평면 초대리
③ 당진시 송악읍 청금리
④ 당진시 송악읍 한진리

❯ **Advice** 한진포구는 당진시 송악읍 한진리에 위치하고 있다.

170 다음 중 당진의 6경인 도비도가 위치한 곳은?

① 신평면
② 송산면
③ 석문면
④ 대호지면

❯ **Advice** 도비도는 당진시 석문면에 위치하고 있다.

공무원 기출문제집

서원각 기출문제집으로 시험 출제경향 파악하자!

▲ 기출문제 정복하기

전 직렬 공통 필수과목
일반행정직
사회복지직
교육행정직

▲ 최신 기출문제

필수과목/행정직
교육행정직/사회복지직

▲ 최근 5개년 기출문제

국어/영어/한국사/사회
행정법총론/행정학개론
교육학개론

▲ 최근 10개년 기출문제

국어/영어/한국사/사회
행정법총론/행정학개론
교육학개론

▲ 최신 3개년 기출문제

필수과목/행정직
교육행정직/사회복지직

▲ 서울시 공무원

필수과목 기출문제정복하기,
국어/영어/한국사/
행정학개론/행정법총론

▲ 기출문제 정복하기

9급 건축직/7급 건축직/
9급 기계직/8급 간호직/
9급 보건직

네이버 카페 검색창에서 '공무공부'를 검색하셔서 네이버 카페 공무공부에 가입하시면 각종 시험 정보를 보실 수 있습니다.

상식키우기

서원각과 함께하는 상식키우기!

▲ 공사공단 일반상식

▲ 시사일반상식

▲ MAC을 짚어 주는
시사일반상식

▼ 공사/시사 일반상식

정치·법률, 경제·경영, 사회·노동,
과학·기술, 지리·환경, 세계사·철학,
문학·한자, 매스컴, 문화·예술·스포츠
관련 상식을 중요한 것만 모아 수록하였다.

▲ 공기업/공공기관 채용
빈출 일반상식

▼ 공기업/공공기관 채용 시리즈

공기업과 공공기관 채용시험에 나올 법한 상식만을 모았다!
정치·법률, 경제·경영, 사회·노동, 과학·기술, 지리·환경,
세계사·철학, 문학·한자, 매스컴, 문화·예술·스포츠 관련 상식을
중요한 것만 모아 수록하였다. 또한 한국사의 기출유형문제를
정리하여 포함하였다.

빈출 일반상식 – 중요 시사상식 및 빈출용어 수록
간추린 일반상식 – 출제가 예상되는 문제와 해설 수록

▲ 경제용어사전

▲ 부동산용어사전

▼ 한눈에 쏙! 시리즈

경제용어사전 – 단기간에 완성하는 경제용어 및 금융상식
시사용어사전 – 시사용어 및 시사 상식을 한눈에 쏙
부동산용어사전 – 부동산과 관련된 핵심 용어를 쉽고 간결하게 정리